U0391514

苏 作 匠 心 录 丛 书

周骏 拙石 主编

# 旧时迷宫

## 苏州传统园林空间设计研究录

邰 杰 徐雁飞 陆 韡 著

中国建筑工业出版社

图书在版编目（CIP）数据

旧式迷宫：苏州传统园林空间设计研究录／邰杰，徐
雁飞，陆韡著.—北京：中国建筑工业出版社，2015.10
（苏作匠心录丛书）
ISBN 978-7-112-18433-0

Ⅰ.①旧…　Ⅱ.①邰…②徐…③陆…　Ⅲ.①古典园
林-园林设计-研究-苏州市　Ⅳ.①TU986.625.33

中国版本图书馆CIP数据核字（2015）第209774号

　　本书包括上、中、下篇。上篇：空间设计理论包括：导论、"生活空间的景观构筑"——苏州传统园林空间形态研究引论、"真实景观的艺术虚构"——明清苏州传统园林空间设计研究的途径之一、"景观图像与园林意匠"——《金瓶梅》中的晚明园林艺术呈现、"点·线·面"——苏州传统园林空间设计要素建构、"理想景观图式的空间投影"——苏州传统园林空间设计图式理论。中篇：空间设计实验包括："秩序·置换·重构"——后现代艺术视野中的苏州园林空间设计实验。下篇：空间案例聚焦包括："历史沿革与空间形态"——网师园空间形态演化的个案聚焦、"空间比较与类型抽取"——网师园空间形态演化的个案聚焦。

　　本书可供从事古典园林工程研究、设计、管理、修缮等人员使用。也可供大专院校师生和广大园林爱好者使用。

责任编辑：胡明安
特约编辑：徐　伉（融境传播）
书籍设计：锋尚制版
责任校对：张　颖　姜小莲

苏作匠心录丛书

周　骏　拙　石　主编

旧式迷宫

苏州传统园林空间设计研究录

邰　杰　徐雁飞　陆　韡　著

＊

中国建筑工业出版社出版、发行（北京西郊百万庄）
各地新华书店、建筑书店经销
北京锋尚制版有限公司制版
北京云浩印刷有限责任公司印刷

＊

开本：787×1092毫米　1/16　印张：15½　字数：313千字
2015年12月第一版　2015年12月第一次印刷
定价：50.00元
ISBN 978-7-112-18433-0
（27685）

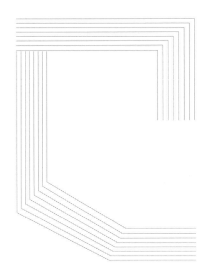

本著作受2014年度教育部人文社会科学研究青年基金项目"明清戏曲小说版刻插图的园林图像研究"（项目批准号：14YJC760054）资助出版

卷 首 语

此著作的公开面世得益于郐杰所主持研究的2014年度教育部人文社会科学研究青年基金项目"明清戏曲小说版刻插图的园林图像研究"（项目批准号：14YJC760054）的专项资助。且此著作乃三位学者的研究结晶。其中"导论、第1章、第2章、第3章、第4章、第5章、结语"主要由郐杰撰写，"第6章"主要由陆韡撰写，"第7章、第8章"主要由徐雁飞撰写，全书由郐杰统稿完成。

# 苏作匠心录丛书序

　　苏州是吴文化的发祥地之一，也是世界上文化资源总量最多、门类最齐全的城市之一，特别是在明清时期，苏州的创意设计已在全国独领风骚，形成了独具风格的"苏作"产业，如著名的"苏绣"、"苏扇"、"苏作家具"、"吴门画派"、"苏作玉器"、"苏州园林"等等，这些以地域命名的特色产品从设计到加工工艺、手段都具有独创性，这就是历史上的创意产业。当时的苏州是引领全国的时尚之都，京城的皇族、贵族都以拥有"苏作"文化产品为荣耀。近年来，"苏作"设计、工艺与营造产业在继承传统优势的基础上突飞猛进，不仅在传统行业，在许多新兴产业也展现出"苏作"的特征。而建筑是一座城市的脉络，是城市发展的根，苏州是一座拥有2500多年历史的名城，园林建筑就是苏州的城市之根。在历史演进的过程中，苏州不仅形成了园林、民居、小桥、流水等独具特色的建筑与城市风格，还孕育了一支在中国乃至世界建筑史上声名卓著的建筑技艺流派，这就是香山帮。香山帮作为苏州古典园林与传统建筑的缔造者和传承者，可以说，香山帮传统建筑营造技艺堪称"苏作"中的第一作，因为正是苏州古典园林和传统建筑为"苏作"提供了空间载体，使物质文化遗产和非物质文化遗产得以在此交集容纳。

　　苏作匠心录丛书的选题、编撰、出版就是致力于汇集整理、研究传播"苏作"在当代的发展与实践，它既是一个重要的文化研究课题，也是一套有关"深度苏州"的出版物。编者于此寄望当代"苏作"能够为营造一种源流传统、精致优雅的苏州生活方式，而呈现与古为新、承古融今的美学价值和社会价值。本丛书分为三大版块：一是苏作园林建筑，二是苏作传统工艺美术，三是苏作当代设计。值得强调的是，这三大版块的内容更是聚焦于当代苏作匠人、设计师、学者的精工开物。因此，匠心录就成为他们研创磨砺、殚精竭虑、心血汗水与激情的一份记录与总结。

　　古老的苏州城在发展的漫漫长路上，其空间哲学与生活美学一直在经历着更迭与融合，其间，"苏作"始终是参与空间建构和文化建构的一支主力。今天，我们更有理由相信，在这片大吴胜壤上，"苏作"正以构筑传统与现代、历史与未来的融合之境，为我们展开一幅当代匠心的阐释之卷。

　　是为序。

周骏　苏州重元香山营造有限公司总经理

拙石　重山·融境文化传播中心总编辑

# 序 言

今天收到江苏理工学院邰杰副教授的来信，要我为其新著《旧式迷宫：苏州传统园林空间设计研究录》撰写序言。邰杰是我在东南大学工作期间2009级的博士研究生，在读期间学习勤奋，用功踏实，其博士学位论文《基于形式的景观艺术研究》思想独到，观点新颖，是一篇难得的优秀论文。他博士毕业后继续致力于景观园林艺术设计研究，取得了不菲的研究成果。这次由邰杰和另两位年轻学者合著的《旧式迷宫：苏州传统园林空间设计研究录》一书，从"空间设计理论、空间设计实验、空间案例聚焦"三个层次解析了中国传统造园艺术的经典案例——"苏州园林"，从图像学、人类学、建筑学、行为学等视角拓展了园林艺术本体的研究内涵，是继其博士学位论文后的又一力作。

苏州园林作为中国文人写意山水园的典型代表，它的造园理论和实践涵盖了自然科学和社会科学诸多领域，一直是学者、专业人员的研究课题，关于苏州园林的研究成果颇丰。据中国知网检索，以"苏州园林"为主题的研究论文就有4538篇，除此之外，还有百余部有关苏州园林的书籍出版。如刘敦桢《苏州古典园林》、陈从周《苏州园林》、邵忠《苏州园林品赏录》、郭明友《明代苏州园林史》、苏州市园林和绿化管理局《苏州园林风景志》、苏州园林发展股份有限公司《苏州园林营造技艺》、苏州园林设计院《苏州园林》等等，这些专著从史料、营造、设计、品鉴等方面对苏州园林进行了系统的整理、论述和介绍，为苏州园林研究奠定了坚实的基础。但运用图像学、人类学、行为学等跨学科理论，从"理论-实验-案例"三个环节对苏州园林的空间设计进行系统的研究，就我所见还是该方面第一部具有创新设计思想的理论著作，将苏州传统园林的空间特征描述为"旧式迷宫"也让人耳目一新！

作者认为，苏州传统园林有其浓厚的江南风情与风土特色，它是充满着"礼制"与"诗意"之人文精神而并存的园居空间形态。"空间"是苏州传统园林的内核与骨架，苏州传统园林整体空间形态强烈地体现了社会秩序与空间秩序的映照，在不同的空间区域内，由于人之空间需求不同从而导致了空间秩序之不同，体现了人对特定功能区域土地划分的偏爱。书中明确提出：住宅区域是"强调南北中轴线、规则整齐"的整体空间结构，而花园休闲区域的空间秩序却并非其表面形态所显现的"感性与随意"，隐藏在其空间形式背后有一个重要的设计布局规律即"放射环型"的隐性空间结构，它对整合该区域之空间整体性有着尤为重要的作用。

通览全书，作者主要通过空间图解的设计理论解读，如大量的计算机空间建模表现解析、平面图解示意等研究途径，在很大程度上突破了传统的古典园林研究方法，丰富了古典园林设计语言，具备相当的理论创新。同时，作者聚焦于"生活方式"与"图像文本"这两条研究主线，在一定程度上拓展了苏州传统园林的研究视野，加深了对园林空间整体的认识，对现代园林和环境景观设计如何从传统经典中汲取营养有重要的参考价值。

乐为序。

上海交通大学设计系主任、教授、博导

2015年7月16日

# 目　录

# 上篇　空间设计理论

邰　杰

## 0.1 主要内容

首先，从设计学的本源视角来观照苏州传统园林空间问题，从"空间"的内涵与外延、"园"与"宅"之关联、苏州"旧住宅"的空间布局特征、苏州传统园林孕育之空间背景四个方面作为本课题的研究引论，明确提出生活空间的景观构筑是苏州传统园林的空间本质追求，苏州传统园林空间实质上是一个"五维情态空间"。

在研究方法论方面，详解了应从文学、绘画的视角对苏州传统园林的原生空间艺术形态进行挖掘，强调对传统园林"虚构"本身的研究也是走向其"真实"面貌的必要途径之一，从中亦可知当下园林设计的历史性资源的丰富程度。亦以"'景观图像与园林意匠'——《金瓶梅》中的晚明园林艺术呈现"为题单辟独立的一章，更为具体地指出园林艺术和文学之间是相互影响而发展亦耦合相生的，它映射出中国人的游戏哲学、美学思想、空间观念和工艺章法。

在苏州传统园林空间设计要素建构方面，主要从"点·线·面"的设计形态出发，认为苏州传统园林作为江南园林乃至中国园林艺术风格的显著文化标识，从设计学视角研究其根源则在于苏州传统园林在空间结构要素整合上的"一致性"与"建构性"特质，即"点状结构的串通"、"线状结构的分隔"和"面状结构的联接"，同时，相对于苏州传统园林空间形态之间的"形似"而言，"生态建筑之精神"却是隐藏于形似背后的"神似"。

在苏州传统园林空间设计图式理论方面，则从"空间图式的内隐、空间图式的外显、空间图式的解构、空间图式的虚构"四大块阐述了苏州传统园林"严整"与"萧散"共举的空间形态观念、"壶中天地"的空间构造范式、"隐逸"式的空间建构、"有限之无限"的空间设计原则、"棒"式"宅"之流线、"斜入歪及"式"园"之流线、秩序井然、条理分明的"宅"之空间结构、取法"画意"的"园"之空间布局、垂直和水平系统的空间营造、"园中有院"的嵌套式空间结构等诸多园林设计要点。由此，提出了一个鲜明的理论小结：随着时代的变迁，苏州传统园林中景观建筑元素的增减、景观元素的流逝与成长等等变化是客观存在的，但这些都没有改变苏州传统园林的空间骨架与空间精神，亦即苏州传统园林的空间本质未被改变。这是因为造园的"骨"（内核）——空间未发生质的改变，它是园林存在的真正精髓，即苏州传统园林所传达的空间精神仍是原汁原味的、地道的，它以一种谦逊然而有力的方式表达它特有的乡土意识和空间情感所具有的深度。

在"秩序·置换·重构"——后现代艺术视野中的苏州园林空间设计实验一章中，认为苏州传统园林空间作为一个有机空间，有其生长、成熟、衰败与再生、重续辉煌、再度萎缩等一系列的发展过程，展示了其景观建筑之"生物性"。而且中国传统园林景观形态构成要素的相对独立，使中国传统造园家在空间艺术的创造过程中自觉或不自觉地、显意识或潜意识地对常规组合秩序进行颠倒、打破、分解、拼贴、挪移和重构——与后现代艺术与设计的同型化特质。因而，本章采用了实验性"模型"研究的方法，保留中国古典园林原有的空间框架，将苏州传统园林的空间构筑模式从其表面形态所呈现的面貌中"抽离"出来。

在"历史沿革与空间形态"——网师园空间形态演化的个案聚焦（一）中，以园林主人为线索，对网师园从始建（1174年）到现在（2009年）近千年的历史变迁进行了研究和梳理。考证了有历史记载的12位主人拥有网师园的时间段和历史背景，重点分析了其中几个阶段的园子布局和规模，园中亭台楼阁的名称和位置。从网师园历代主人中抽取了五个记载较详细、研究价值较大的阶段，从主人的背景和性格、主人在园中的生活方式、主人对网师园的改造内容和方式几个方面进行研究，分析了各个阶段空间的特征。在"空间比较与类型抽取"——网师园空间形态演化的个案聚焦（二）中，通过对网师园整个演变过程的纵向比较分析，主要研究了主人及其生活方式对网师园的主题、功能、空间、流线等方面产生的影响。主人性格和生活方式的变化直接导致了网师园中花圃的兴盛与消失，影响了耕读渔隐主题在园中的变化，且网师园的功能布局也是与园中的生活方式直接相关的，亦以类型学理论作为理论视窗来探寻网师园的空间建构形态。

结语部分指出在分析园林的时候，不能够脱离其历史情境，仅仅对一个空壳进行研究，那样很难得到扎实的结果，对待园林如此，对待中国的传统建筑也是如此。从生活方式、建造方式等方面去分析、抽取传统，才能得到真正有价值的内容，并运用在今天的设计实践当中。

## 0.2 主要观点

苏州传统园林有其浓厚的江南风情与风土特色，它是充满着"礼制"与"诗意"之空间精神而并存的园居空间形态。"空间"是苏州传统园林的内核与骨架，苏州传统园林整体空间形态强烈地体现了社会秩序与空间秩序的映照，在不同的空间区域内，由于人之空间需求不同从而导致了空间秩序之不同，体现了人对特定功能区域土地划分的偏爱，明确提出：住宅区域的整体空间结构是"强调南北中轴线、规则整齐"的空间结构，而花园休闲区域的空间秩序却并非其表面形态所显现的"感性与随意"，隐藏在其空间形式背后有一个重要的空间结构规律即"放射环型"

的隐性空间结构，它对整合该区域之空间整体性有着尤为重要的作用。

亦聚焦于网师园这一园林精品案例，基于对网师园历史沿革的深入研究，认为对网师园空间的理解应不止局限在物质本身，而须借鉴人类学的研究方法，从园林的主人及其生活方式、建造方式入手，多层次地对其空间进行研究，细致分析这几个方面是如何一点点影响着网师园空间所发生的变化，必须分析网师园权属的多位主人，探寻多种生活方式在园中的共时性存在，抽象出网师园空间的基本单位，以进一步分析中国传统园林的特有建造方式——现场设计，大多主人设计、建造、使用集于一身。另一方面，则须基于对网师园历史沿革过程中空间变化规律的研究，借鉴建筑类型学理论，提取在园林空间扩张过程中，控制园林空间"类似性"的类型，即庭院空间数的增长和量的增长，恰恰就是这两种空间扩张方式形成了园林两种基本的空间模式——并置式与包含式。

## 0.3  研究方法

主要通过原型研究、比较法、图像分析法、简图分析、个案研究等方法，如将苏州传统园林与明清时期于苏州刻印的版画、吴门画派对园林与建筑表现的绘画、苏式古典建筑空间的关系等研究相紧密联系，尤其对那个特定时代流传下来的关于人之生活方式与空间描述的文献资料进行了分析。亦基于人类学和类型学的理论，以网师园遗存的历史资料为基础，以园林主人及其在园中的生活方式、对园子所做的改造为线索，研究了网师园的历史沿革过程与各个阶段网师园的空间特征，以及生活方式和建造方式这两个因素在网师园空间变化中的作用。

## 0.4  创新价值

本文主要通过空间图解的设计理论解读，如大量的计算机空间建模表现解析、平面图解示意等研究途径在很大程度上突破了传统的研究园林的纯文字化描述方法，具备相当的理论和研究方法论创新。同时，本课题聚焦于"生活方式"与"图像文本"这两条研究主线已一定程度上开拓了苏州传统园林的研究视野。同时，提供了一个全新的研究园林的角度，加深了对园林空间整体的认识，能对当代的规划、景观、建筑的设计有所借鉴——对现代园林设计如何从传统经典中汲取营养有一定的参考价值。已取得的实质性突破主要为从"空间设计"的视角全方位展现了苏州传统园林的景观本体价值，并着眼于"生活方式"这一根关键的研究主线串联了本文研究。

# 第1章 "生活空间的景观构筑"
## —— 苏州传统园林空间形态研究引论

生活空间的景观构筑是苏州传统园林的空间本质追求，且园林与容器之间在空间内涵上具备相似性。苏州传统园林的空间既是"五维情态空间"，亦充满着人与自然互适，而非对峙的生态建筑之精神，它实乃承载生命方式与价值观之永续经典。

### 1.1.1 "空间"的内涵

（1）作为"容器"的空间

从设计学的视角来观照苏州传统园林空间，可将其纳入中国传统建筑空间的范畴。建筑空间在本质上如同一些很大的箱子或容器之用——"空"，而人类生存恰恰又是同各种容器紧紧捆绑在一起的。陶器是个容器，房间也是个容器，各有各的用途。人造建筑空间即一些不同风格的、造型各异的"容器"，它类似于每个时代、每个民族制作的各种日用陶瓷器。人亦有个"容器情结"，"因为我们每个人——从皇帝到乞丐——都来自元（原）容器，我指的是母亲的子宫。上帝造了第一个容器，然后人就学着制造各种容器。"[1]中国先秦哲人老子早就注意到了陶器和房间的共同点，如老子《道德经》第十一章所云"三十辐共一毂，当其无，有车之用。埏埴以为器，当其无，有器之用。凿户牖以为室，当其无，有室之用。故有之以为利，无之以为用。"老子对空间的阐述是关于"空"的哲学智慧，即容器的关键在于一个"空"字、"无之以为用"，"空"的空间是永恒的建筑语法。其实，最大容器则是由空间和时间这两种最基本的建材构筑的，战国末期的尸子曰："上下四方曰宇，往古来今曰宙"，庄子谓："人生天地之间，若白驹之过隙，忽然而已。"尸子与庄子都在感叹浩瀚的宇宙、天地是一时空性质的容器！因之，可以这样对建筑空间（或园林空间）进行定义：人用一定的建材从自然空间中围隔出来的一个"容器"，而这个容器是个人造空间，它不同于原来的自然空间。第一，这个围隔出来的空间必须具有确定的量（大小、容量）、确定的形（形状）和确定的质（能避风雨、御寒暑、具备采光通风条件）。第二，这个容器要能盛装人和人的活动。参见现代著名建筑师童寯的对园林的定义，就更容易解读出园林与容器之间在空间内涵上的相似性，亦能发现"空间"对园之定义的原始重要性：

今将"园"字图解之："囗"者围墙也。"土"者形似屋宇平面，也可代表亭榭。"口"字居中为池。"仆"在前似石似树。……园之大者，积多数庭院而成，其一庭一院，又各为一"园"字也。[2]

"口"是园林空间的外部边界构成，是围合空间之实体形式，却充分暴露了园林空间的内向性，似"壶"一样，有用的是其内部空间。人类文明的发展又有其同构性，即在生存与发展中谋出路，东西方建筑文明均如此，如栖身于木桶的古希腊犬儒派哲学家第欧根尼（Diogenes）对拜访他的亚历山大大帝说："不要遮住我的阳光！"。尽管他把对外部物质世界的要求减低到了最低，但他还是栖身在一个木桶里（图1-1）。在本质上，木桶也是"屋建筑空间"，是一个容器，它收容、安顿、接纳了第欧根尼，让他可以在里面过夜，并进行哲学思考，把世界人生哲学化。他毕竟在这条链上："人→屋→世界"。即使是像第欧根尼这样一无所求、"君子谋道不谋食"的人，也脱离不了这链。该链是人存在本身，也是建筑原点，因为人不能直接消化天地时空这个大容器，只能把建筑空间（屋）这个小容器作为自己的家或安身立命之处。

图1-1　栖身于木桶里的第欧根尼

（2）自然（物理）空间与建筑空间

自然（物理）空间是恒定的，建筑空间是自由的和可以消失的。建筑空间是临时的，自然空间是永恒的。建筑师和泥瓦匠、造园者等只能创造建筑空间，而不能创造自然物理空间，自然空间比建筑空间更基本。人来自自然空间，最后又要回到自然空间。自然空间才是我们的真正归宿，真正的故乡。庄子曰："夫大块载我以形，劳我以生，佚我以老，息我以死。故善吾生者，乃所以善吾死也。""大块"指大地，载"，是个动词，意思为托载，有镶嵌的味道。建筑空间原就是自然空间的一部分，原就是从天地之间的自由空间切割、围隔出来的文明。荒野是第一自然，建筑是第二自然。第二镶嵌在第一大框架内。没有人能够挣脱建筑框架，正如没有人能够超出自己的皮肤。建筑空间其实也是我们的一层皮肤，一个我们终生——从生到死——都要背着的壳，一个箱子而已。而自然空间是镶嵌在宇宙空间里面的，因此，"建筑空间→天地自然空间→宇宙空间"。人由于不能直接消化自然空间，使用一定的物质材料（建材）和技术手段从自然空间中围隔出建筑人造空间，但建筑空间永远是极有限的，仅仅是个小容器，对人的生存却至关重要，我们都是"容器"中的匆匆过客。

（3）空间与时间

没有时间的空间是没有的，没有空间的时间也是不存在的。时间和空间是人存在于斯的最基本规定，人的生存离不开空间和时间。而空间和时间又都是相对的，我们都生活在明确的时间坐标和空间坐标（时空坐标）体系中。同时，人并不能创造空间和时间，人只能从自然空间中切割、围隔出一小块来——这一块便是建筑空间。在本质上，苏州传统园林的空间装不进今天的时代精神，新的时代精神需要新的建筑空间，但苏州传统园林空间是它所处特定时代精神和地域风土精神的符号表征，其时空价值就在于其所隐藏的传统人文意蕴。

## 1.1.2 "空间"的外延

"空间"既是本质，也是一种形式。"人主要通过看来认识空间之间的关系。反过来空间关系影响着视觉经验。"[3]视觉空间就是看和被看的经验与看和被看的两个空间的共同存在，人在建筑中看不到平面，看到的仅是非构图性的材料、建造、形态与空间。苏州传统园林所构筑的空间形式是基于"自然·屋·人"这三者按尺度、比例、节奏和韵律组合在一起所创造的一种高度统一的诗意空间。同时，在古人眼里，"空间"二字以及"空间意识"、对空间的认识应该不是我们现代建筑学观点中的意思，更多的应是关于"天地"、"位置——经营位置"、"宇宙意识"、"画面效果"的体认，这与中国传统山水画的散点透视、运动透视所摄取的画面、所占据的恰当的观赏位置应该有更紧密的联系。当然，这与现代建筑学的空间概念亦有不可分割的联系，只是现代建筑学的空间概念是立体三维的，而中国传统园林的空间却是二维的平面布局式的三维空间加上运动的视点，并渗透着人的浓厚的哲学、美学、玄学情感，可以说它是四维的平面动态感知场所。若把时间向度套入现代建筑学和中国传统园林中，它们的空间维度将分别是四维与五维的。由此，笔者将中国传统园林空间定义为"五维情态空间"。

## 1.1.3 空间的性格

在中国传统的设计思想上，对一切的房屋、车服、礼器等的制作都是采用一种灵活性很大的"通用型"设计。传统的中国式房屋设计原则就是：房屋就是房屋，不管什么用途几乎都希望合乎使用，如宗教建筑与住宅建筑在结构形式上并没有什么不同，"舍宅为寺"即为证明。中国无论什么种类的建筑物，无论平面的配置、立面的形式都是大同小异，变化不大的。中国传统建筑只有通过"装修"才能表现出其空间不同的性格，从不同的陈列布置中显示出其空间的使用目的，依靠各种装修、装饰和摆设而构成本身应有的"格调"，或者说明其内容的精神，如酒店的酒旗，商店的幌子，庙宇的钟鼓、香炉、幢、碑、碣等等，这些都是构成建筑物性格的特殊标志。亦须知人由于不能直接消化建筑空间，他要通过家具这个中介，即人→家具→建筑空间（住房）。在苏州传统园林中即可发现"古典家具、书画艺术、陈设品"的不同选择与安放亦使苏州传统园林中的各"通用型"建筑的不同空间性质得以确立，其各类建筑也形成了各自的"性格"，如住宅厅堂中的书法对联、中堂、匾额、按规制布局的红木家具即确定了住宅厅堂的庄重、大气的空间性格，书斋中陈设的博古架、古籍与卧榻等也点明了其空间的实际用途。从明末崇祯年间（约公元1640年前后）武林养浩斋版画《风流绝畅图》（图1-2）中亦可觅现冰裂纹瓷瓶、茶盅、书几、烛架、山水画屏风等文人书房的配设之物，此为现实景观在艺术文本中的虚构投影。

图1-2 《风流绝畅图》

## 1.2 "园"与"宅"之关联

苏州传统园林，是过去逸居在苏州的官僚、富贾和文人既寻求城市的优厚物质条件，又不想冒劳顿之苦寻求"山水林泉之乐"所营造的诗意化的生活空间。他们在邸宅近傍经营既有城市物质享受，又有山林自然意趣的"城市山林"，来满足他们各方面的精神与享乐欲望。它在本质上是住宅建筑（群），独具江南文化、苏州吴文化特色的风土住宅建筑（群），具强烈的适应自然气候特性的居住空间形态。这种私园，在功能上是住宅的延续和扩大，是住宅建筑的一种独特模式。住宅可以直接反映出一个时代人们的生活，它能说出很多具体的事实，李允鉌先生认为："任何类型的中国建筑都是由住宅逐渐演变而来的，并不是本来就创造出来的。"[4]苏州传统园林将用于休闲、游览、观赏性质的花园部分扩大化了，令其比重、分量（与全园的空间尺度、空间体量相比）有时甚至超出了住宅部分，但其并非仅是一个美妙、精致的花园。它具备住宅建筑（群落）的基本特征与主要内容，花园空间被扩大和强化，甚至掩盖了起、居、住、行等生活程序空间的具体显现，亦可以说其为住宅之居住功能的衍生（图1-3）。

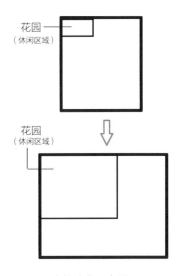

图1-3 空间演化示意图

同时，由于苏州传统园林之整体空间结构均有着惊人的相似性，因而姑且论其为一种"空间模式"——"宅园分立"的传统园林空间形态。"分立"是指宅与园之间必有一个较明确的空间界限，而非指宅与园不在同一个基址框架中、"园"成为城郊别墅之意。该模式实乃苏州旧住宅（苏州传统民居）的演变，园与宅实为同一空间框架下的两个不同的部分，正如台湾建筑大师汉宝德所云："在后期的中国建筑里出现了住宅与园林并存的双重性格，恰恰与后期的读书人兼有儒家与老庄的信仰一样。然而园林究非建筑之主体，中国儒家的伦理观始终是国人居住环境秩序的最高原则。"[5]汉宝德又云："中国人在住宅内是道貌岸然，一切照伦理制度做事，但是在生活中的诗情画意，则以宅后的园林为中心。这是两个完全不同的天地，反映了中国人外儒内道的生命观。儒家的道理是面子而已。"[5]此"空间模式"亦是中国人独特的空间营造观之再现，即中国人在人居环境的营造上是把"园"与"宅"完全分开的。这种空间内外两分的关系，在苏州拙政园、留园、狮子林、怡园、网师园等空间形态上均有呈现。但此时，"园"的意义和内容就不仅局限于它原来的功能：它只是一个用于游玩的花园，"园"的含义却成了以"园"的设计原则来处理的一整个建筑体系，它们的功能和用途是没有任何规限的，如文化艺术活动的一种形式"雅集"多半在园林建筑中进行，同时也可以作为居住和工作的空间。明人冯梦龙在《醒世恒言》第29卷"卢太学诗酒傲公侯"中也提到了这种空间模式："第宅壮丽，高耸云汉。……宅后又构一园，大可两三顷，凿池引水，叠石为山，制度极其精巧，名曰啸圃。"[6]

因此，笔者尝试将苏州传统园林的空间形态划分为三大功能区域，即"礼仪性"的社交区域、"舒适、雅致"的居所生活区域、"意趣活泼、野致横生"的休闲区域，应说明的是：社交区域和居所生活区域从属于"宅"之范畴，而休闲区域从属于"园"之范畴。该分类乃基于人的生活方式的特性来划分的，因为特定的生活方式要由特定的生活空间来体现，特定的生活空间亦展示了特定时代人之生活方式与生存面貌。"居住"与人之间存在着真正的联系，即"人只有当他已经在诗意地接受尺规的意义上安居，他才能够从事耕耘建房这种意义的建筑。"[7]须指出的是，对这三大功能区域的界定并不是严格意义上的，它们之间没有截然的界定分水岭。

## 1.3  苏州"旧住宅"的空间布局特征

人是双重空间的人，存在于自然物理空间和建筑空间。人归根到底要通过、借助屋去消化、把握世界。没有屋，就无安身之所，活不下去。住宅——屋，在本质上是一件体量很大的、能收容和安顿我们的生活容器。明代李渔在《闲情偶寄》中是这样表述的："居宅无论精粗，总以能蔽风雨为贵。常有画栋雕梁、琼楼玉宇，而只可娱晴，不堪坐雨者，非失之太敞，则病于过峻。故柱不宜长，长为招雨之媒；窗不宜多，多为匿风之薮。务使虚实相半，长短得宜。"[8]同时，屋又是集政治、经济、社会、人的精神素质（审美意识）于一身的建筑符号，它用空间和色彩的语言说出了自己的身世：民族和国家的生存状况；所处时代在政治、经济、社会和文化领域的水平。如明朝初期，对住宅厅堂的等级有严格的制约，据《明史·舆服志四·室屋制度》记载："一品二品厅堂五间九架……三品五品厅堂五间七架……庶民庐舍不过三间五架不许用斗栱，饰彩色。"[9]是以厅堂的形制来区分贵贱，限制了民宅厅堂的规格。而明人顾起元在《客座赘语》卷五《建业风俗记》中却记述了江南民居由正德至嘉靖期间发生的巨变："又云正德已前，房屋矮小，厅堂多在后面，或有好事者，画以罗木，皆朴素浑坚不淫。嘉靖末年，士大夫家不必言，至于百姓有三间客厅费千金者，金碧辉煌，高耸过倍，往往重檐兽脊如官衙然，园囿僭似公侯。"还写道："又云嘉靖十年以前，富厚之家，多谨礼法，居室不敢淫，饮食不敢过。后遂肆然无忌，服饰器用，宫室车马，僭拟不可言。"[9]

苏州旧住宅是苏州传统园林的构筑原型，其建筑语言是苏州特有的反映其乡土精神的文化语言，"御寒暑、蔽风雨"是其构筑的起点。苏州旧住宅营构所需的表皮、材料、技术却是依附在江南地域特有的住宅"空间"——"平面布局"这个骨架上的，即不论其家庭之规模大小，均有一院墙，形成独特的院落型居住建筑形态，其空间图式是向心的、内向的。汉宝德先生把中国传统建筑的"空间"视作"格局"、平面空间，认为"空间就是生活的容积，空间的格局就是对生活的具体说明。……汉族的生活空间就是以'三间房子'为基本单元的。比较有规模的住宅的空间，乃是这种基本单元的重复与组合。……三间房子不够就两端各加一间，而成五间，居住的建筑很少超过五间，因为过长就不方便了；宁愿再起一座三间的单元，与原有三间并列（如南方住宅）或呈直角，构成曲尺形……院落是空气与光线所必要，所以围绕着院落发展，乃理之当然的。"[5]

具体到明清时期的苏式建筑的构造形态，以苏州铁瓶巷任宅的厅堂构造为例，其为扁作厅抬头轩正贴式草架构造，有前廊轩、抬头轩、内四界、后双步（图1-4）。如图所示，其纵向进深颇大，这与苏州地区的夏季高温持续时间长、空气湿度大有关，房屋宜宽敞为好以便通风，也可以有较多的避光阴凉的室内空间，此乃适应自然气候的建筑形态，亦能构造出气势恢弘的厅堂空间形态。若把苏州旧住宅的整体空间形态简化之，就是"前厅（正式的生活空间）与后院（非正式的生活空间）"两部分。在"前厅与后院"这样的生活环境中，代表着社会秩序的一面与代表自我的一面并立存在。因为在古人的日常生活中他们每天都要经历几次精神状态的转换，"在父母、子女面前是儒者，在妻妾近朋之间又是道者"[5]，住宅空间担负着这种生活对立性的重要功

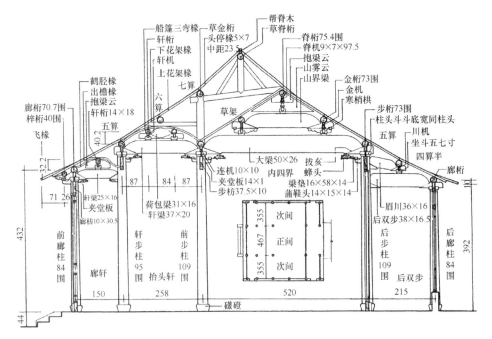

图1-4 苏州铁瓶巷任宅的厅堂构造（单位：cm）

能。如苏州廖家巷刘宅，南向、东门，楼厅三间，左右夹厢、前后各列两厢。厅前两侧者，东首为门屋，西首为书斋，其前则为一小天井。厅之西首隔避弄为一面阔三间楼厅，前辅以二厢。厅西书斋前后二间，为主人读书之处。此建筑虽由二组合成，但又可分别使用，宅东西两面设大门。厅后有曰形楼屋，天井小，通风光线皆差，系红纸作坊，因当时主人经营此业。作坊旁为厨房及货房等地，更西有一小园（图1-5）。

## 1.4 苏州传统园林孕育之空间背景

### 1.4.1 融于苏州古城城市格局的"园"

（1）"生物性择居"型城市选址

良好的水质，是城市选址的重要条件之一。伍子胥"相土尝水"[16]，其"尝水"即为了解水质是否清洁甘美、是否宜于饮用，因为充足的水源是城市赖以生存的条件之一。我国历代古都名

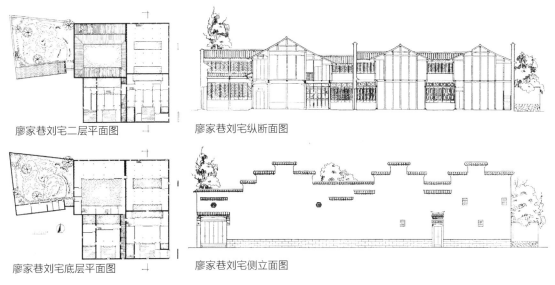

廖家巷刘宅二层平面图　　　廖家巷刘宅纵断面图

廖家巷刘宅底层平面图　　　廖家巷刘宅侧立面图

图1-5　苏州廖家巷刘宅平面图、纵断面图与侧立面图

城,也多傍水而建,或带江河,或滨湖泊,鲜有例外。这除了为水路运输之便外,还为用水之需。《宋本方舆胜览》亦称赞苏州云:"姑苏吴郡,吴会、吴门,吴中俗好用剑。所化者远,士夫渊薮,好儒好佛。骄奢好侈,上元灯球,七夕摩睺罗。四郊无旷土,有海陆之饶,无垫溺之患。具区在西,北枕大江,水国之胜。旁连湖海,枕江带海,为东南冠。"[10]而且,早在远古,人类就已懂得山坡的南面冬暖夏凉,可以获得较好的气候条件,宜于居住。在城市选址上,我们的祖先也已懂得利用地形和风向,以得到较宜人的城市小气候。在此,我们必须深知城市选址的"生物性择居"是因为自然空间对我们是生死攸关的,比如建筑与气候的关系等等。

（2）"象天法地"式城市营建

先秦古籍《考工记》中对于"营建城邑,包括城池、宫室、宗庙、社稷、道路以及国城周围的规划"已有专门的描述:"匠人建国。水地以县,置槷以县,眡以景。为规,识日出之景与日入之景,昼参诸日中之景,夜考之极星,以正朝夕。"[11]据张道一先生在《考工记注译》中的解释:"匠人建造城邑,在地上竖起标杆,用悬绳和水进行测量,然后平地。又在标杆上悬绳校直,观察日影,由此画出圆形,定出东西南北的方位。白天观测太阳,夜里观测北极星,用以校正确定早晨和晚上。"[11]古代哲人的营造思想内蕴含着朴素的科学精神,闪烁着生态城市构建之智慧光芒,即从人存在于地球空间之上的空间定位出发,并掌握太阳运行轨迹即太阳在一天中和一年中各时刻的确切位置和运动规律、判定空间方位以及将城池的选址与自然气候的规律变化密切地结合起来,切实地与自然融为一体、顺应自然。

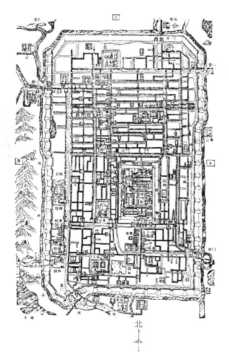

图1-6 平江图（宋）

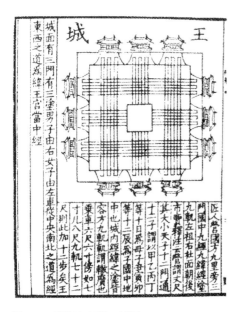

图1-7 聂崇义所绘王城图

公元前514年春秋时期的伍子胥选址并营建了吴国的都城——阖闾大城（今苏州城），《吴越春秋》有记载："子胥乃使相土尝水，象天法地，造筑大城。周回四十七里。陆门八，以象天之八风。水门八，以法地八聪。"[10]苏州建城2500多年，城址不变，说明了伍子胥选址水平和规划水平是很高的。李允鉌先生亦对13世纪时刻于石板上的苏州城市地图（图1-6）做出了如下的评价"在图中北部可以看到大运河由左方上部沿西城而下，此外另有护城河环绕整个城市，再引水成为无数的城市街道。这些水道共有272道桥梁跨越，水道与街道形成两组交通网，和威尼斯的方式十分相似。左下角是太湖的一部分，西面依山，表明城市是通过精心的地形选择而有计划建设起来的。"[4]

（3）"棋盘"状城市形态

苏州古城的城市结构为棋盘状的城市形态，而这种方格形的"棋盘式"道路网布置方式有其传统的构图意念："十字形的大街作为干道及过境性的通道，中心点是'台门'式的门楼或者称为'钟鼓楼'，棋盘式的街区，用只供人行的内巷划分，周边是城墙及护城河，公共建筑物布置在中心区部分。大城市就是这种典型的布局多次的重复，十字形的大街变为井字形或者更多的方格。"[4]其原型图式可以追溯到春秋战国时期的城邑的营造上，《考工记》中也有记载如"匠人营国。方九里，旁三门。国中九经九纬，经涂九轨。左祖右社，面朝后市，市朝一夫。"[11]宋聂崇义在《新定三礼图》用图解的方法绘制了关于"王城"的插图（图1-7）。《考工记》所载的就是最早的有关城市规划的一个官方理想模式，理想的城市形状是"方"

的,虽不可能得到完全的实现,但对后世的城市架构有着深远的影响。

这种"棋盘式"城市道路骨架,并不单纯是出于儒家"礼制"要求的主观上的形式,更主要的是包含着一个朴素的科学内容即"道路和道路之间很多时候是等距,纵横不但互相垂直,而且原则上尽量争取构成正南北向以及与之垂直的东西向。"[4]而这又对于苏州传统的民居建筑、园林建筑的空间方位的选择与空间构建带来了莫大的便利,因为对于其房屋的"朝向"——坐北朝南,以获取室内的最佳"气候"环境是有利的。处于北半球温带的苏州,"取正"(确定南北方位,因为古代未能建立一个测量标准点来控制城市建筑物,利用"天象"准确地定线仍是一个很合理、科学的办法)是其城市建筑的空间方位的最佳选择,而道路网的计划必须和建筑群的基址以至建筑物相配合,因此道路网的规划也非依靠"取正"来定线不可。可见,宏观的苏州古城城市格局建构与中观、微观的苏州传统园林的构建的契合度是相当高的,而其最佳的契合点在于都是顺应自然环境,都有一个共同的空间方位坐标系。

苏州传统园林作为"容器",只能被放置于经过"生物性择居"型城市选址方式、"象天法地"式城市营建而形成"棋盘"状城市形态中,这就决定了苏州传统园林艺术的空间营造受制于城市用地的局限,加之随着明清时期的苏州之人口数量的绝对增长与其商业经济的繁荣必然导致了城市土地价值的提高、原有水平的人均房屋居住面积的缩小,使得苏州宅园的用地范围在明清时期已相当有限了,只能在一个不大的空间范围内进行"屋"(含"园")之构筑与经营——在极有限的天地内营造出深广的艺术空间和容纳丰富的艺术变化。但"屋"又是人的生存本身,它"收容"和"安顿"人的灵与肉,其重要性仅次于阳光、空气、淡水、食物,所以"园"之构筑是以日常起居生活空间的安顿完成为前提。各种大大小小的"屋"(或容器)组合为城市,城市这个较大的容器是由许多小容器(屋)装配起来的。

## 1.4.2 契合苏州地域气候之"园"

苏州的地理坐标是北纬31° 17′,东经120° 37′,对其经度与纬度的点明是为了阐述中国古代的营建匠师们用观天象来"取正",以确定空间方位与空间位置在建宅构园方面具有重要作用,因为它将直接影响居住环境与建筑空间的日照、气流、温度、湿度。理解太阳在一天中和一年中各时刻的确切位置和运动规律是古时匠师在营宅建园时进行气候设计的关键考量之一。关于这一点,在清代著名学者戴震的《考公记图》中已有图示(图1-8~图1-11)。

就气候而言,苏州地处温带,属亚热带季风海洋性气候,四季分明,雨量充沛,气候温和湿润。"全年温度最高为41℃,最低为-12℃。全年雨量在1048mm左右,40%集中在夏季各月,冬

图1-8　为规识景图（一）

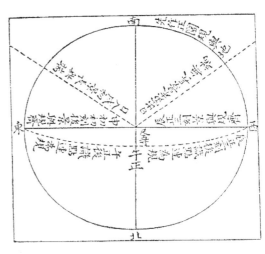

图1-9　为规识景图（二）

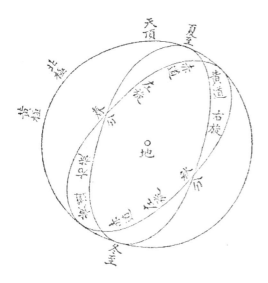

图1-10　黄赤道图

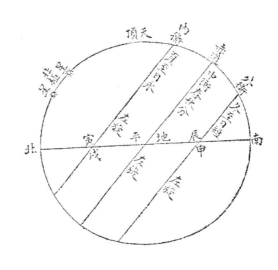

图1-11　测北极高下图

季的雨量亦达11%，成为我国地理环境中雨量最润匀的区域。雨量的分布时期以春季的季风雨，夏季的梅雨，秋季的台风雨，和冬季的气旋雨为最重要。风向夏季多东南风，冬季多西北风。冬季不太冷，冻期仅3～4天。夏季温度较高达47天之多。全年平均日照率在30%以上，七八两月在50%以上。"[12]尤须说明的是，苏州地区在夏季尤为炎热，且持续时间较长，如苏舜钦《沧浪亭记》谈到旅居吴中的境况即可证明："始僦舍以处，时盛夏蒸燠，土居皆褊狭，不能出气，思得高爽虚辟之地，以舒所怀，不可得也。"[9]虽然我们均知自然气候条件对于人之生存环境、建筑之营造形态有着极大的影响，而今天的我们似乎已经忘却了古人在没有类似空调、电扇、取暖器等温度调节设备的支持下，是如何打理他们生活的，以及他们是如何应对自然气候的变化所进行灵活的"屋"之设计与构筑的了。应该说，过往处于农耕文明之生活方式的人对于地理状况、自然气候与季节变化的敏感程度将大大强过现今已对居住小环境的气候有效调节的我们。"怎样解决气候的舒适性，使气温更宜人，同时也使他们本身更加美丽迷人"[13]是苏州传统园林空间形态塑造与设计的最终落脚点，也是隐藏在它美丽背后的深层次的驱动力量与设计目的。

苏州传统园林乃从自然物理空间中围隔出来的建筑空间，造园者与园主在其空间范围内亦构筑了不同空间方位、供不同季节使用的生活空间（根据太阳的运动轨迹而定），虽然他们在建筑技术水平的支持下提供了在同一空间场所内取暖与纳凉的空间（如拙政园之三十六鸳鸯厅的构筑、留园之林泉耆硕之馆等），却也充分利用了在造园基址范围内腾挪、设计出以切合不同季节、不同气候情况下使用的生活居所与游赏空间，即"冬有暖阁，夏有凉室"。造园者与园主在这一层次的建筑空间（小容器）的考量上，是下足了功夫的，如土生土长的苏州清代文人沈复在《浮生六记》卷一《闺房记乐》中关于"季节空间"的描述："时当六月，内室炎蒸，幸居沧浪亭爱莲居西间壁，板桥内一轩临流，名曰我取，取'清斯濯缨，浊斯濯足'意也；檐前老树一株，浓阴覆窗，人面俱绿，隔岸游人往来不绝，此吾父稼夫公垂帘宴客处也。禀命吾母，携芸消夏于此，因暑罢绣，终日伴余课书论古，品月评花而已。"[14]而文震亨之《长物志》亦载："丈室宜隆冬寒夜，略仿北地暖房之制，中可置卧榻及禅椅之属。前庭需广，以承日色，留西窗以受斜阳，不必开北牖也。"[15]

任何设计行为所依据的思想都来源于人类的需要，"园居环境理论"的研究基点就是关于"空间"对我们一切生存需要的满足能力的理论，"它的目的在于研究人类对居住环境的选择行为，这一选择行为表明作为观察者的人类与被感受的环境之间的关系根本上等同于其他生物与其栖息地的关系。"[16]苏州传统园林在恰当地利用日照朝向和考虑合理的基址设计基础上，营造出了四季、全天候型的舒适生活空间以供选择使用。而季节空间的设计原理就在于苏州地处温带，园林空间承担着在寒冷月份里带来温暖和在闷热的季节里带来清爽的双重职责，而仅一棵落叶树或是一株蔓藤这样简单的设施就足以达到在夏天遮阳，在寒冬有充足的阳光射入的效果。我们对苏州传统园林的自然环境与空间之关系的探究，以期穿过其幽美、隽永的人人皆知的表面，看到其形式和空间背后深层次的思想——可以作为现代空间环境设计的智慧之延续。

### 1.4.3 适应苏州城市人口变化之"园"

中国建筑具有自身显著的文化特色，要了解一种建筑形式、一种建筑体系，也就首先要了解和研究人口变化与居住户型随时代变化而带来的影响，旧时苏州城市人口数量与户型的变化也直接影响导致了苏州传统园林"宅"之空间与园林整体形态结构的生成。

（1）家庭规模的小型化

明清时期的社会形态是一个有规矩、有层次的系统社会，其社会结构仍以"家国同构"的形态存在，它由家庭和宗族因血缘、婚姻的联系而形成的社会组织基本单元所组成。但其在明清时期的江南区域却有其新的存在方式，即家庭规模的小型化趋势非常明显地表现出来了，传统的数代人同居共食的复合大家庭逐渐地瓦解了，"从明初至明代中后期的演变情况看，北方原本较高的户均人口数，在百余年间，变得越来越高，江南的户均人口数原本较低，此时更呈现不断下降的趋势，其中苏州、松江、杭州、嘉兴、湖州等地，家庭规模小型化的倾向，表现得尤为明显。"[17]苏州地区绝大多数是三代及其以下的规模较小的家庭，而且往往在"父母死亡后，已婚兄弟一过守丧期很快就分家是江南一带的普遍现象。"[17]这与苏州地区多元化的经济、生活方式有关，因为每个人的手工艺有粗精之分、经商手段有优劣之别等，使得人们的收入拉开了较大距离，且人们的人生追求和生活情趣的多种取向也出现了。因此，分财别居、分门独户也在所难免了。

（2）人口绝对数量的持续增长

"明代早期，社会经济得到恢复，经百余年的发展，人口剧增，至成化十五年（1479年），人口达到七千一百八十五万余口。苏州地区由唐代天宝年间的63.2万人（领7县），到明代弘治四年（1491年）人口达到204.8万（领1州7县）。"[19]苏州人口的迅速增长，使社会需求扩大和社会分工细化，促进了商业经济的发展，苏州成为东南最大的商业都会，王錡《寓圃杂记》卷五《吴中近年之盛》记述了当时吴中的变化："迨成化年间，余恒三四年一入，则见其迥若异境，以至于今，愈益繁盛。间檐辐辏，万瓦鳞鳞，城隅濠股，亭馆布列，略无隙地。"[19]从中亦可窥见，此时苏州的城市用地之紧张，城市之建筑密度之大、城市土地的使用效益之高。由明至清的人口数量，虽经明末清初的社会动乱与战争因素的影响，全国人口绝对数量呈大幅度下降，但"从雍正、乾隆到咸丰同治年间，人口绝对数量处于持续增加或稳定的状态。嘉庆十年（1805）人丁最旺。"[18]从嘉庆二十五年的全国各府州人口密度的统计可以看出江南弹丸之地已成为全国人口高密度区，苏州府也以1073人／km²的高密度雄居榜首（表1-1）。

总之，家庭结构的不断小型化反映到其居住的建筑空间上是每户的建筑用地范围在不断地缩小。同时，明清时期的苏州之人口数量的绝对增长加上其商业经济的繁荣也必然导致了大规模建宅、城市土地价值的提高、原有水平的人均房屋居住面积的缩小，使得苏州宅园的用地范围在明清时期已相当有限了，亦会迫使建筑的密度提高和向高空发展——楼屋的出现。任何传统的制式都逃不过来自人口增长所引起的强大压力，住宅面积的缩小和集中就成为不可避免的发展倾向了。这一点在苏州的旧住宅与传统园林的空间形态上可以得到印证，即在极有限的天地内营造出深广的艺术空间和容纳丰富的艺术变化，但以日常起居生活空间的安顿完成为前提。

嘉庆二十五年全国人口密度前16府州（人/km$^2$）                    表1-1

| 序号 | 府州 | 人口密度 | 序号 | 府州 | 人口密度 |
|---|---|---|---|---|---|
| 1 | 江苏苏州 | 1073.21 | 9 | 江苏镇江 | 522.54 |
| 2 | 浙江嘉兴 | 719.26 | 10 | 四川成都 | 507.80 |
| 3 | 江苏松江 | 626.57 | 11 | 浙江杭州 | 506.32 |
| 4 | 浙江绍兴 | 579.55 | 12 | 浙江湖州 | 475.21 |
| 5 | 安徽庐州 | 563.11 | 13 | 江苏常州 | 447.79 |
| 6 | 山东东昌 | 537.69 | 14 | 山西蒲州 | 423.88 |
| 7 | 江苏太仓 | 537.04 | 15 | 安徽太平 | 410.96 |
| 8 | 浙江宁波 | 523.26 | 16 | 湖北武昌 | 394.53 |

资料来源：梁方仲，《中国历代户口、田地、田赋统计》，上海人民出版社，1980年，甲表88.

## 1.5 小结

"景观建筑的本质是组织和划分土地的使用功能，空间是土地细分的结果和设计的媒介。空间提供不同的使用功能和供人们享受的景观。"[19]而不同尺度的空间亦需要有不同的对待方式，从整个地球到一个村庄，任何场地都讲述着自身的故事，每个空间都有它特定的意义。由于不同地域之地理、水土、气候、经济、文化等诸多因素都不一样，所营造出的人居空间也不一样。"历史上伟大的环境设计是玄学、被动式设计和艺术三者微妙而又彻底的结合。过去伟大的微气候设计是通过直觉、常识和与自然的密切联系创造出来的。我们并不需要复杂的计算机模型和数据图表，我们需要的是对于太阳如何在天球上运动的感受、理解和评价。有时候，需要的东西仅仅是时间和耐心而已。你只需要走出去观察太阳的方位。"[13] 而"理性之用、感性之美"交织的苏州传统园林之设计思维，亦基于对自然的观察和在塑造空间中人文设计意识之掌控，可以提出一个结论：苏州传统园林充满着人与自然互适，而非对峙的生态建筑之精神，它实乃承载生命方式与价值观之永续经典。

站在今人的眼光来审视明清时期的苏州传统园林、社会、经济、城市等相关关系，人的生存繁衍、生活方式的关系，文化的积淀、转化、碰撞、融和的关系等，是因为苏州传统园林的空间形态是它们的折射，同时，从"发生在人造环境中的那些具体而生动的生活事件是进行建筑创作的依据和出发点"[3] 之设计学的观点来分析苏州传统园林的空间形态，可以得出一个结论：苏州传统园林能为更大尺度上的景观空间的设计发展提供一套有价值的、现成的空间设计语言体系，即"历史经验是'未来创作'的一个重要的源泉"[4]。

---

**注释：**

[1] 赵鑫珊. 人—屋—世界：建筑哲学与美学［M］. 天津：百花文艺出版社，2004：序.

[2] 童寯. 江南园林志［M］. 北京：中国建筑工业出版社，1984：7.

[3] 张永和. 作文本［M］. 北京：生活·读书·新知　三联书店，2005：6.

[4] 李允鉌. 华夏意匠：中国古典建筑设计原理分析［M］. 天津：天津大学出版社，2005：84.

[5] 汉宝德. 中国建筑文化讲座［M］. 北京：生活·读书·新知　三联书店，2006：194、42.

[6] 冯梦龙. 醒世恒言［M］. 北京：中国文史出版社，2003：527.

[7] ［德］海德格尔. 人，诗意地安居［M］. 郜元宝译. 上海：上海远东出版社，2004：96.

[8] 李渔. 闲情偶寄图说［M］. 济南：山东画报出版社，2003：192.

[9] 张朋川. 明清书画"中堂"样式的缘起［J］. 文物，2006（3）

[10] 吴庆洲. 中国古城选址与建设的历史经验与借鉴［J］. 城市规划，2000（9）

[11] 张道一. 考工记注译［M］. 西安：陕西人民美术出版社，2004：126.

[12] 陈从周. 苏州旧住宅［M］. 上海：上海三联书店，2003：8.

[13] ［美］奇普·沙利文. 庭园与气候［M］. 沈浮等译. 北京：中国建筑工业出版社，2005：序.

[14] 沈复. 浮生六记［M］. 林语堂译. 北京：外语教学与研究出版社，1999：18.

[15] 文震亨. 长物志图说［M］. 济南：山东画报出版社，2004：16.

［16］吴家骅．景观形态学：景观美学比较研究［M］．北京：中国建筑工业出版社，1999：7．

［17］陈江．明代中后期的江南社会与社会生活［M］．上海：上海社会科学院出版社，
　　　2006：61、62．

［18］吴建华．清代江南人口与住房的关系探略［J］．中国人口科学，2002（2）．

［19］［英］凯瑟琳·迪伊．景观建筑形式与纹理［M］．周剑云等译．杭州：浙江科学技术
　　　出版社，2003：32．

# 第2章 "真实景观的艺术虚构"
## —— 明 清 苏 州 传 统 园 林 空 间 设 计 研 究 的 途 径 之 一

从文学、绘画的视角对苏州传统园林的原生空间艺术形态进行挖掘，强调对传统园林"虚构"本身的研究也是走向其"真实"面貌的必要途径之一，从中亦可知当下园林设计的历史性资源的丰富程度。

## 2.1 研究方法概述

### 2.1.1 研究途径

笔者在此对苏州传统园林空间设计的时间界定是以明清时期为主体，把该历史时期作为整个历史长河中的一个截面、剖面来看待，并且重点对该特定时间范围内的"生活方式"的研究作为主线。因为生活方式和活动系统均对环境的分析和设计大有裨益，并用那个特定时代的史料去客观描述人之生活空间，而不是由笔者去主观臆想、猜测，黄仁宇在其专著《放宽历史的视界》中明确提出了这样的研究方法："……在此情形下，小说资料可能为历史之助。因小说家叙述时事，必须牵涉其背景。此种铺叙，多近于事实，而非预为吾人制造结论。"[1]他特别对冯梦龙的《三言》做了如下评述"其中叙有前代人物者，亦有承袭宋元话本者，但其观点代表明末社会情形。其间若干资料，不能全部置信，如有涉及神鬼传奇者，有将历代官名前后串改者，有叙述唐宋，而其物价全用明末为准据者。"[2]因为明代的小说等文学艺术作品必然显现明代的事情包括生活方式、生活空间、行为心理等，即文学家用文字经营空间，而建筑师则用材料经营空间。清承明制，清在文化艺术、生活习惯、思维方式上与明代存在着继承关系。

且对苏州传统园林的研究，不能脱离人来研究，要研究那个时代的人之生活方式、审美情趣，以再现那个特定时代人的活动场景，即把明清时期的日常生活事件挪移到苏州传统园林的空间研究中。将苏州传统园林的空间设计研究与明清时期于苏州刻印的版画、吴门画派对园林与建筑表现的绘画、苏式古典建筑、苏州人口增长的动态变化与土地、空间的关系等研究相紧密联系，尤其注重对那个特定时代流传下来的文献资料加以探究，如小说类的《金瓶梅》、明代冯梦龙的《三言》、清代的《明珠缘》、《红楼梦》、《品花宝鉴》等；小品类的有明代的《长物志》、《天工开物》、清代的《闲情偶寄》、《浮生六记》等；造园专著类有明代的《园冶》等等。本文具体的研究视角从文学虚构、绘画虚构这两个层面进行，当然亦包括"取今人的视点来审视空间问题"的研究态度。

### 2.1.2 时空背景分析——"俗文化"与造园风尚的兴起

明清大众文化的流行已经成为时代风尚，虽然"文人努力使其高雅的生活更加完美，这可以

第2章 "真实景观的艺术虚构"

——明清苏州传统园林空间设计研究的途径之一

23

反映出他们的一种企图，即维持文人文化与大众文化之间的界限，但这种界限被市民文化和白话文学的兴起一点一点地打破了。……越来越多的书被印出来服务于社会底层。插图丰富的家庭用书包罗万象，从多用桌的制作及丧礼规则到买牛契约中的注意事项，应有尽有。"[3]这些用平头百姓日常口语语法、词汇和熟知的日常生活事件而编写的白话文的书籍作品在明清时期流传极广，因此通俗流行文化、雅俗共赏的文化在普通大众中影响甚大，如通俗小说类的《三言二拍》、《金瓶梅》、《红楼梦》、《明珠缘》，戏曲类的《牡丹亭》、《西厢记》等等。

由于通俗文化媒介的发达和出现了以商民所主导的俗文化，更深层次地影响了整个社会群体的价值取向和广泛地影响着他们的文化敏感性，对安顿其灵与肉之"蜗居"的园林空间形态的构建也有着不可忽视的影响，如世俗氛围浓厚、以民间故事、神话传说、封建礼教为体裁的空间装饰形态，普通市井阶层的民众也因羡慕文人雅士悠闲适意的艺术化的生活情趣而仿其在住宅周边点缀花木泉石亭或掇置花木盆景替代之等——雅文化的俗化，黄省曾在《吴风录》中就记载："吴中富豪竞以湖石筑峙奇峰阴洞，至诸贵占据名岛以凿凿而嵌空妙绝，珍花异木，错映阑圃，虽闾阎下户，亦饰小小盆岛为玩，以此务为饕贪，积金以克众欲。"[4]造园在明清时的苏州已成为大众所认同、趋之若骛的生活环境构筑之流行趋势，无论是何阶层之人都以玩赏"园"为高尚的审美情趣为荣，可以说通俗媒介中关于"园林之良辰美景"的文字描述在各阶层中的传播与影响，对造园成为一种社会风尚实在是功不可没。

## 2.2 关于"文学虚构"

中国传统园林对应的中国传统文字之空间，如刘致平先生所说："自从曹雪芹《红楼梦》面世以来，造园几乎全以《红楼梦》大观园为蓝本。于是，大观园的造园理论，如曲折变化，高低疏密有致，实中有虚，虚中有实，山路婉转，水面平阔，楼台掩映，花木扶疏，曲径通幽等，遂为我国封建社会末期造园的发展规律了。"[5]"大观园"虽是文学作品中虚拟想象之空间，但它仍然是那个特定时代生活空间的客观再现，它与苏州传统园林在艺术意匠的营构上，同属明清江南造园之风尚、之同类审美倾向与趣味的园构，都能给人一个逃避、遐想和让人幽乐的生活空间。从其第十七回《大观园试才题对额　荣国府归省庆元宵》中所描绘的空间场景中，亦可窥见，明清造园之想象空间与现实园林空间营造之对应，亦实为"叙事·空间·园"——文学想象空间与"园"之互动。

其实不但绘画与园林有密切关系，我们甚至可以说文学、绘画、园林已经是融为一体的艺术。它们之间往往产生一种交互影响作用，园林设计者很多时候在追求文学所描写的境界，将诗情画意变为具体的现实。同样，不少著名的绘画或文学作品的描述园林建筑的景色，或者反映园林建筑中所产生的事情，如文徵明《拙政园三十一景》、查士标《狮子林册》等，那个时候，名园的景意已经盛行成为画家和诗人们的主要创作题材之一了；清代曹雪芹的巨著《红楼梦》又可算得上是园林和文学艺术相互之间影响最深、最显著的典型了，其第十七回《大观园试才题对额》就是一篇出色的造园论，大观园已然成为明清私家园林的营造典范了。清代钱泳在《履园丛话》中明确指出了"文、园"关系："造园如作文，必使曲折有法，前后呼应，最忌堆砌，最忌错杂，方称佳构。"

在明清的散文、笔记、小说、戏曲、诗论中，都可以发现一些描述园林的"文字性想象空间"，抑或当代建筑学中常提及的"叙事空间"，不胜枚举，如汤显祖在《牡丹亭》中写了一座园林并托杜丽娘之口说了一句名言："不到园林，怎知春色如许！"汤显祖的审美理想是追求春天，在他看来，园林正是把"春色"引到人间的艺术。蒲松龄《聊斋志异》的《婴宁》一篇中描绘了园林："门前皆丝柳，墙内桃杏尤繁，间以修竹，野鸟格磔其中"，"门内白石砌路，夹道红花片片堕阶上"，"曲折而西，又启一关，豆棚花架满庭中"，室内"粉壁光明如镜，窗外海棠枝朵，探入室中"。沈复在其生活笔记《浮生六记》中也谈到了虚实相生的空间意境营造之法："若夫园亭楼阁，套室回廊，叠石成山，栽花取势，又在大中见小，小中见大，虚中有实，实中有虚，或藏或露，或浅或深，不仅在周回曲折四字，又不在地广石多徒烦工费。"园林作为生活形态的一种物质体现，正如同黄仁宇所说："清代的小说也实有它们独特之处。它们将当时的生活状态以极悠闲的态度写出细微之处，非其他文字所能勾画。"

## 2.3 关于"绘画虚构"

中国传统园林营造与中国传统绘画之间存在着深层互动联系。园林设计师首先需要像画家一样，先在想象中去漫游，然后通过画笔来表达出他理想中的园林。所以造园家一定要精通绘画，这是中国固有的传统。中国传统的山水画和中国传统园林之间有着一定的关系并不能看作是偶然而来的一种印象或者联想，事实上它们之间有着一些内在的联系。换句话说，它们有共同的美学意念、共同的艺术思想基础。中国历史上的画家、艺术家、文学家中都有一些人参加主持建筑计划，例如唐代著名的大画家阎立本、阎立德等都是著名的建筑计划负责人。自从山水画以至所谓"文人画"兴起之后，作为知识分子的画家和艺术家就较少投身建筑设计工作，大概认为建筑为制式所限，已经不成为一种创造性的艺术了。但是对于园林建筑又当别论，园林的设计和布局被看作和绘画大体上相等的艺术，很多士人曾经在园景上发挥过才能和极尽心思。典型的、成功的园林意态是完全和当代的绘画思想、艺术风格相一致的，当中也注入了不少士大夫阶层的思想情趣，在园林建筑中所追求的正是当代诗画所追求的意境。

中国传统造园范式之一应源于绘画，在漫长的历史进程中扮演着一个虔诚而忧郁的角色，在布局和造景理论上依附于绘画，在对自然的美好追求中始终囿于对诗意的追随，其实只是对自然的一种再现。同时，中国传统造园与中国绘画尤其是山水画又存在着诸多不同点，如表2-1所示。

中国传统园林与中国山水画的不同点              表2-1

| 序号 | 比较类型 | 园林 | 山水画 |
|---|---|---|---|
| 1 | 完成作品所需客观条件 | 场地、花木、山石、物力、人力 | 纸张笔墨 |
| 2 | 空间视觉艺术效果 | 立体 | 平面 |
| 3 | 时间 | 四季变化 | 四季不变 |
| 4 | 审美感知方式 | 视、听、嗅、触 | 视觉 |

若将中国传统绘画具体到"版画"这一类别时，我们更可以发现"园林"与"版画"两者之间的相互映像的关系。明代，尤其是晚明万历、天启、崇祯三朝，是中国版画史上的黄金时代，雕版印刷业在宋元基础上进一步兴盛。北京、南京、杭州、建阳等地的书坊长久不衰，徽州、苏州、湖州则成为新兴的出版中心。不同地区的版画创作逐渐形成各自的风格，主要有以福建建阳为中心的建安版画，以南京为中心的金陵版画，以安徽歙县为中心的新安版画，以杭州为中心的武林版画和以苏州为中心的苏松版画等。

明代版画的辉煌成就突出表现在小说、戏曲的插图方面。市民文学的发达，促进了版画艺术的发展与繁荣。小说、戏曲插图数量巨大，仅金陵富春堂一家，即组织创作近千幅以上。著名作品如《西厢记》、《琵琶记》、《牡丹亭》、《三国演义》、《水浒传》等，都有多种版本、风格各异的插图传世。亦如明代的版画巨迹《环翠堂园景图》——万历年间画家钱贡和刻工黄应祖合作的版画《环翠堂园景图》是我国历史上最长的版画，即可被认为是明代文人造园师所绘、所刻的"地道"的园林全视效果图，尽管这一"效果图"是理想化的，并以明代徽州戏曲出版大家汪廷讷的"尘隐园"的主厅"环翠堂"为蓝本而虚构的梦想家园，却以其恢宏的艺术长卷形式，充分反

图2-1 《金瓶梅》版画

图2-2 西厢记版画

映了汪廷讷在安徽休宁城萝宁门外的高士里所建的"尘隐园"的徽派园林建筑的独特形态。此长卷中不仅画有300余个各类人物，还在安谧秀美的风景名胜中绘制了有名的建筑多达50处，整幅画面场景宏大，手法细腻，反映了明代园林营造的建筑、山水、植物的样式乃至那个时代人物的样貌。再如多版本的《西厢记》版画、《水浒传》、《金瓶梅》中的插图版画等中国传统典籍中所附的插图中，均有中国传统园林的图像映射其间，虽然这些园林只是作为人物画的背景而附属存在，却也可以窥见不同时代、不同地域的造园之风貌（图2-1、图2-2）。

当然，若对这些"类园林图效果"进行深入的研究，将其中的精华元素为今日所用，将其园林艺术文化遗产加以挖掘，以为当今园林设计表达的源泉，似乎是一个相当精妙的渠道。事实上，自从人类进化到有了藏身的建筑物时，建筑即开始被人们作为描绘的重要对象。如今留传下来的大量建筑图像在当时虽不具有商业性，但它却是建筑效果图的雏形。在我国数千年的传统绘画史中，有不计其数的画家对建筑作了极其精确、细致的刻画。其中最具代表性的为《清明上河图》。此图除画有550余个人物、20多艘船只以外，还有房屋建筑30余栋及位于画面中央的大拱桥1座。其表现之精使人叹为观止。敦煌壁画中对雄伟壮观的宫殿及亭台楼阁的刻画，不仅具有艺术、宗教价值，而且对古建筑的考证有着不可替代的作用，是建筑画的宝贵史料。在西方的绘画历史中，画家对建筑画的贡献也是为世人所公认的，文艺复兴时期的大画家、建筑大师米开朗基罗，就是杰出的代表人物之一。当时西方已发现了透视原理，同时随着工具材料的发展，产生了运用水彩、油彩、铜版画、石版画等方法去描绘建筑物，效果极其逼真、细腻。因此，近千年来艺术家们为后人留下了大量宝贵的建筑画。

我们若从另一个角度来看，这些古版画难道对于那个往日时代的造园应该有着极大的影响，或许这些古版画直接就成了后世造园的图稿，或间接取材于它，如明代的古版画亦将深刻影响清代的造园活动，这种影响分为造园传统意念、造园技艺、造园风格等多方面的。

对"中国传统园林营造与中国传统绘画之间的深层互动"这一论题，大文人郑振铎其实早有论述，如在"中国古代版画丛刊"第五函中收录有《无双谱》，书前则有郑氏针对此书写的一个跋文，现摘录一段以兹参考：

金古良《无双谱》，予曾收得数本，皆不惬意，此本虽为儿童所涂污，犹是原刊初印者，纸墨绝为精良。1956年10月18日，午后阳光甚佳，驱车至琉璃厂，于富晋书社得李时珍校刊之《食物本草》，于遛雅斋得此书，皆足自怡悦也。董会卿云有康熙本《艺菊志》、明末彩绘本占卜书即可邮至，亦皆予所欲得者，论述美术史及园艺史者，首先广搜资料，而图籍尤为主要之研究基础。予所得园艺及木刻彩绘之书近千种，在此基础上进行述作，当可有成也。天色墨黑，时已入夜，尤甚感兴奋……

童寯先生认为："诗、画、园三艺术息息相关的结合，正是中国造园学说的最高成就。"而"文、画、园"三位一体的作品，尤以清代画家改琦（1773~1828）的《红楼梦图咏》50幅为典型之一。他善画人物、花竹，尤以仕女画最为著名，《红楼梦图咏》则镌版行世，笔下仕女形象柔弱消瘦，别具风格，园林成了《红楼梦中》人物的背景而存在，却也可以窥见晚清时期人们造园的大致风貌（图2-3）。

（a）　　　　　　　　　（b）　　　　　　　　　（c）

图2-3　清代改琦的《红楼梦图咏》中反映着十足的园林化空间场景的营造

须知，从古代到现代，中国人之理想环境的经营均受先代与当下的文学空间意象、绘画空间感觉的控制，并从唐以后开始产生了一个对应于"文字与画面空间"之感性的景观空间的组织方式。因此，研究园林的空间图式问题，必要研究文字与绘画的空间意象在造园者心目中的"思维定式"的潜意识作用。

## 2.4  景观意象的"如画性"构造模式

### 2.4.1  "如画性"的景观意象

中国传统园林营造的空间多种多样，其景观意象的分层展现模式从一个层面来说，就是人获得空间知觉、感受景观意象的一种方法，如动态观赏与静态观赏相结合、选择合理的观赏距离、选择正确的观赏角度、选择适当的观赏时间等。而在中国卷轴画中，是通过卷轴的转动获得了不断变化、更新的连续性的二维画面感知。传统画卷式造园的景观意象的分层展现模式可视作为中国传统园林的景观意象模式，亦可被称为传统造园的一种设计模式、一种设计套路。就中国传统造园的理念和手法而言，对"园林如画性"的追求是其基本特征，主张"凡园皆画"，以画理治园。从魏晋时代开始，绘画就与园林关系十分密切，由此发展出中国园林的基本设计原则："画中寓诗情，园林参画意。"明代文人画家茅元仪说："园者，画之见诸行事也。"园林理论家和造园师计成认为造园的目的就是："境仿瀛壶，天然图画"。在这个理念指导下，造园师不仅把山水画的技法转用到园林的建造方面，而且力求"宛如画意"的效果。计成就说自己"最喜关仝，荆浩笔意，每宗之"。许多著名的园林即是绘画作品的"复制"，例如明代画家刘钰的寄傲园模仿卢鸿的《草堂十志图》；清代画家石涛的片石山房则是根据他自己的画稿构图和建造的；至于名满天下的拙政园，它的每处景致，都令人联想到中国绘画的熟悉模式……事实上，中国的园林建筑师全部都是由画家充任。最美的园林出自那些擅画山水，亦工园冶的文人之手。一座园林就是三维的山水画和凝固的风景诗。造园理论与绘画理论如出一辙。宗炳的《画山水序》、谢赫的《绘画六法》、郭熙的《林泉高致》等既是画家的指导，也是园林家的圭臬。

无论是宋张择端的《清明上河图》，还是明沈周的《仿倪云林山水卷》、《碧山吟社图卷》、《仿梅道人山水图卷》，清著名匠师家族样式雷的《样式雷建筑图档》等等，都充分表明了中国古代文人园林意境营造的"如画性传统"。但"绘画"与"造园"两者又的确分属不同艺术建造领域，在实际营造过程中也有着些许错位关系，园林的实际建造效果并非一成不变地照抄画稿，而是有所变动、有所调整（甚至是较大范围的改动，但必须保留画稿的意蕴），文人与造园匠师在现场不断地进行松紧适度的布局。因此，对待"传统画卷式造园"这一论断不可片面地认为是古人严格依据绘画进行造园的，同济大学常青教授对此论述为"身体的园说"，他认为中国古典园林的造园技艺和园林场景，确实是身体习惯与感性经验的生动例子，其中触感体验尤为关键。造园以诗情画意定高下，分雅俗，但善绘山水的文人画师对造园本身并非都见长。他们在叠石掇山的操作体验面前，往往"其技立穷"。反倒是那些"叠山名手，俱非能诗善绘之人，见其随举一石，颠倒置之，无不苍古成文，迂回入画，此正造物之巧手示奇也"（李渔《闲情偶记·居室部·山石》）。这实际上点明了以纸面笔墨绘景和以触感经验造景完全是两回事，也可佐证"身体·主体"的说法。计成说"第园筑之主，犹须什九，而用匠什一"（《园冶兴造论》），其中所谓的"主"，"非主人也，能主之人也"，比如能凭触感操作的"叠山名手即是"。[6]

## 2.4.2 "画卷式"构造模式

画卷式的连续空间即把建筑物、山水地形、植栽群落等空间元素按照一定的观赏路线有秩序地排列起来，形成一种类似中国画长卷式的连续性园林空间。卷轴画与画卷式造园其实皆属于动态与静态相结合的景象阅读方式，皆属于时空艺术的创造。画卷式的连续空间，即把建筑物按照一定的观赏路线有秩序的排列起来，形成一种类似中国画长卷式的连续性空间，并利用散点透视的原理，打破时间与空间上的局限，造园布局的空间组合序列通过巧妙安排在有限的空间中通过分合、围放、虚实、转折、穿插、渗透等各种手段使视觉上产生多种企盼和悬念，从而取得扩张时空、变有限为无限的艺术审美效果。

在中国传统园林景观意象的分层展现中，则主要是通过路径组织使空间分层展现，中国传统园林中的游路蜿蜒曲折、宽窄不一、路线如织，密布全园，构成了复杂而丰富的流动性空间网络，并通过贯通全园的路径体系巧妙地引导组织各个空间，有层次的使各个主体空间、焦点空间得以展现出来，将整个园林景观空间的复杂格局在人的行为活动中被简化、被领悟。采用路径的设置和不同引导方式，将传统园林整体景观的各个丰富空间片断、空间主体分层次的逐步展现。在路径上层层递进地展开各个空间，或是通过迂回从不同的角度展现同一空间；或是通过过渡空间使视线可以先穿越，让人预感未达空间；或是安排"死径"以设置停留空间以及能引起人们注意的知觉元素，以达到不仅起到空间延伸的错觉，更延长了时间在有限空间中停留的长度及深度；或是通过各种景框元素的设计，借景于外，使人的视线穿越身体所不能置的地方。从中国传统园林分层展现的景观意象模式中，我们可以深刻体会到古代造园家们对于路径和空间的娴熟操作。第一层次，是以园林住宅部分为核心的面状居住空间；第二层次，是由山水地形、植物群落、园林建筑、路径系统等为主体的线性交通与休闲游览空间。第三层次，是园林内部空间与园林外部空间的分隔，往往由高大的围墙来完成。各个层次相互交织，形成了连续性的特点。

## 2.5  具体分析

以下根据苏州传统园林的空间类型，进行大致地分类，并运用"文字"、"图像"的双重分析方法，使"真实景观的艺术虚构"这一具体问题得以呈现。

### 2.5.1  建筑室内空间

#### （1）厅堂

通常分隔厅堂内部空间的是可拆装式隔断（板壁），因此又衍生出内部空间所具功能的多样性：在举办大型的各类礼节活动时，可将这些活动的隔断拿掉，也就可获得一个更大的内部活动空间，如在厅堂的山面置屏门，这些屏门并不到地，是装在水磨砖贴面的槛墙上，如将屏门除去，垂以竹帘，则为女宾观戏之处。苏州地区的大户人家在婚丧嫁娶时，往往会以"唱堂会"的形式以示纪念，并充分利用厅堂前延伸出的空间供娱乐活动所需。图2-4为引自《点石斋画报》的清代厅堂前的祝寿场景。此时，厅堂就由一个很正经的场所，摇身一变成为了娱乐场所。我们从《明珠缘》第二回《魏丑驴迎春逞百技　侯一娘永夜引情郎》中所叙述的为王奶奶祝寿的生活场景中亦可知厅堂空间所具有的多样功能：

"到东首一个小厅上，上面垂着湘帘，里面众女眷都坐在帘内。……一娘复到帘间来谢赏，王奶奶叫看坐儿与他坐。一娘不肯坐，说之再三，才扯过一张小杌子来坐了。然后众女客吃面，一娘也去吃了面。少顷，厅上吹打安席，王太太邀众女客到大厅上上席。女客约有四十余位，摆了十二席，宾主尊卑相让序坐。外面鼓乐喧天，花茵铺地，宝烛辉煌，铺设得十分齐整。……却说正中一席摆着五鼎吃一看十的筵席，洒线桌围，锁紧坐褥，老太太当中坐下。王尚书夫妻红袍玉带，双双奉酒拜了四拜。次后王公子夫妇也拜过了，才是众亲戚本家，俱来称觞上寿。……便

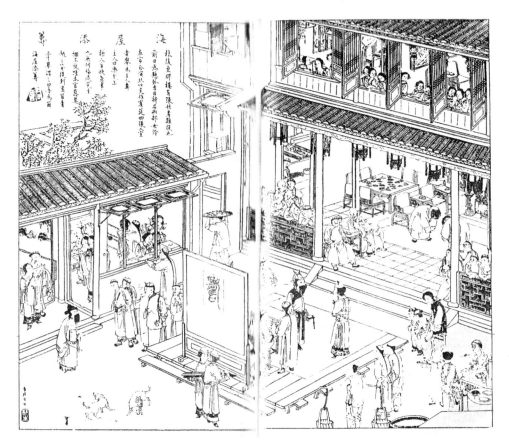

图2-4 清代厅堂前的祝寿场景

叫管家婆拿杌子在戏屏前与他坐。吹唱的奏乐上场，住了鼓乐，开场做戏。锣鼓齐鸣，戏子扮了八仙上来祝寿。看不尽行头华丽，人物清标，唱一套寿域婺星高。"[7]

　　由以上"日常生活的自我表现"之场景亦可知，场景不同于空间，一个空间中可能包含有多个场景，或者说一个空间在一段时间内可能包含有许多不同的场景；场景与日常活动的组织在文化意义上是一个变量，空间物质形态的组织具有潜在的社会功能，空间的象征意义与社会关系的有形维度也有着密切的关系（图2-5）。尤其是属于空间装修元素之一的家具亦有着强烈的符号指代功能，在此特定场合指代了人之身份的等级差别。祝寿文化与厅堂空间组织和利用也点明了使用场景的方式、为何使用、使用者和使用时间，拉普卜特亦说："生活方式和活动潜在因素为建成环境的组织提供了诠释，从而更方便地与设计联系起来。"[8]

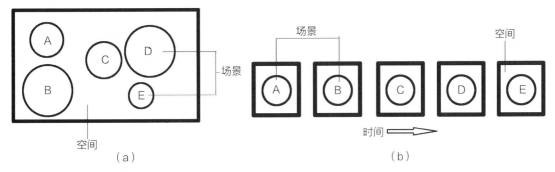

图2-5　场景与空间示意图

（2）书斋

书斋的内部空间形态往往多采用向上弯曲构成"单曲筒形栱"式的顶棚，称其为"卷棚"，亦称"轩"。卷棚是用板形的"卷椽子"作为骨架构成，而这些动感的活泼线条多半是由白色的望板衬托出来，色素简单雅淡，一些波动曲面的顶棚又使其室内环境突然起了一种活泼之感，如同李允鉌所说："卷棚的意匠似乎带有一些'书卷味'，也可以说是中国文化艺术在另一方向上发展必然出现的形式。……卷棚式天花令人有雅淡、轻快之感，反映出一种知识分子所寻求的意态，因而多半见诸画室、书斋中。"[9]书斋、书房亦是那个时代文人骚客的日常生活场景中使用频率较高的空间，其体量较之于厅堂等空间来说，更加宜人，陈设与装修更加雅致、温文与怡情。关于这一点，从清末陈森的艳情小说《品花宝鉴》第七回"颜仲清最工一字对　史南湘独出五言诗"中即可得以印证：

"随同到东边，有书童揭起帘子，进去却是三间书房，中间玻璃窗，隔作两层，从旁绕进，玻璃窗内又是两间套房，朝南窗内，即看得见外面，上面悬着董香光写的'虚白'二字。一幅倪云林的枯木竹石，两旁对联是：'名教中有乐地。风月外无多谈'屋内正中间，摆着一个汉白玉的长方盆，盆上刻着许多首诗，盆中满满的养着一盆水仙。此时花已半开，旁边盆内一大株绿萼白梅，有五尺余高，老干着花，尚皆未放。向窗一面，才有一两枝开的。"[10]

（3）室内装饰

与园居生活有关联的室内陈设之细微物件其实亦要经过严格的选择和组织，并用简洁、精致的装饰与实用之器物以配合不同使用目的之空间，且以表现空间性格为目的。如《红楼梦》第十七回"大观园试才题对额　荣国府归省庆元宵"中对屋宇陈设便有交代：

"方欲走时，忽想起一事来，问贾珍道：'这些院落屋宇，并几案桌椅都算有了。还有那些帐幔帘子并陈设玩器古董，可也都是一处一处合式配就的么？'贾珍回道：'那陈设的东西早已添了许多，自然临期合式陈设。帐幔帘子，昨日听见琏兄弟说，还不全；那原是一起工程之时就画了各处的图样，量准尺寸，就打发人办去的；想必昨日得了一半。'贾政听了，便知此事不是贾珍的首尾，便叫人去唤贾琏。一时来了。贾政问他：'共有几宗？现今得了几宗？'贾琏见问，忙向靴筒内取出靴掖里装的一个纸折略节来，看了一看，回道：'妆蟒洒堆，刻丝弹墨，并各色绸绫大小幔子一百二十架，昨日得了八十架，下欠四十架。帘子二百挂，昨日俱得了。外有猩猩毡帘二百挂，湘妃竹帘一百挂，金丝藤红漆竹帘一百挂，黑漆竹帘一百挂，五彩线络盘花帘二百挂：每样得了一半；也不过秋天都全了。椅搭、桌围、床裙、机套，每分一千二百件，也有了。'"[11]

从《明珠缘》第十六回"周公子钱财救命 何道人炉火贻灾"中也可寻找到与旧时日常生活习俗相配套的装饰性物品形态的踪影：

"素馨遂邀到倦里，穿过夹道，进了一个小门儿，里面三间小倦，上挂一幅单条古画，一张天然几，摆着个古铜花觚，内插几枝玉兰海棠。宣铜炉内焚着香，案上摆着几部古书，壁上挂一床锦囊古琴，兼之玉萧、象管，甚是幽雅洁净。床内铺一张柏木水磨凉床，白绸帐子，大红绫幔，幔上画满蝴蝶，风来飘起，宛如活的。床上熏得喷香，窗外白石盆内养着红鱼，绿藻掩映，甚是可爱。天井内摆设多少盆景，甚是幽雅。柱上贴一幅春联道：'满窗花影人初起，一曲桐音月正高。'"[12]

谁人所居、何人所属以及如何布置等乃空间物质形态设置的关键考量因素，应将其看作是一个装置系统。上文所传达出的"阴柔的脂粉气"点明了此为常见的女性起居空间形态，在其建筑内部的家具、活动式的陈设（如古董类的古铜花觚）、帘帐等软装饰均式样繁丽，室外天井的盆栽亦与起居空间的尺度相协调。居所成了一种特殊的场景构成，并限定了该空间的私密气氛，亦即"住屋需要根据需求与选择、活动与场景来定义，并将扩大的场景构成纳入考虑范围"[13]。

## 2.5.2 园林景观空间

早于《红楼梦》诞生的明末清初之小说《明珠缘》第三回"陈老店小魏偷情 飞盖园妖蛇托孕"中所描述的"飞盖园"之景观营构亦实乃明清造园风尚之一瞥，却也足以让我们诗意地神游在此园之想象空间中了：

"萦回曲槛，纷纷尽点苍苔；窈窕倚窗，处处都笼绣箔。微风初动，虚飘飘展开蜀锦吴绫；细雨才收，娇滴滴露出冰肌玉质。日烘桃杏，浑如仙子晒霞裳；月映芭蕉，却似太真摇羽扇。粉墙四面，万株杨柳啭黄鹂；山观周围，满院海棠飞彩蝶。更看那凝香阁、青蛾阁、解醒阁，层层掩映，朱帘上挂虾须；又见那金粟亭、披香亭、四照亭，处处清幽，白匾中字书鸟篆。看那浴鹤池、印月池、濯缨池，青萍绿藻跃金鳞；又有那洒雪轩、玉照轩、望云轩，冰斗琼浮碧液。池亭上下有太湖石、紫英石、锦川石，青青栽着虎须蒲；轩阁东西有翠屏山、小英山、苔藓山，簇簇丛生凤尾竹。荼蘼架、蔷薇架近着秋千架，浑如锦帐罗帏；松柏屏、辛夷屏对着木香屏，却似碧围绣幕。芍药栏、牡丹砌，朱朱紫紫斗繁华；夜合台、茉莉槛，馥馥香香生妩媚。含笑花堪画堪描；美人蕉可题可咏。论景致休夸阆苑蓬莱，问芳菲不数姚黄魏紫。万卉千葩齐吐艳，算来只少玉琼花。"[14]

可见，阁、亭、轩、假山、池面、植物等原本只是作为造园的素材，但是通过类似"电影剪辑"式的空间组织、策划与安排，由景观空间的多层次展开而营造了一个魅力无穷的空间景象，"事实上，空间设计与规划（建筑设计、景观设计、城市设计）通常不只是关心单个的空间场景，若干空间场景ＡＢＣＤ之间的次序编排：彼此空间的前后关系，即哪些先说、哪些后说等等，就如同在文学中段落与段落的前后关系、句子与句子的组织、词与词的连接，在故事中一个事件接着另一个事件，乐曲中音符与音符是怎样衔接的，在空间中一个元素接着另一个元素，一个场景继之另一个场景等等。"[15]或许文人在造园规划时均已尝试了用园林空间造型"翻译"了这类以文字为载体的艺术叙事之想象空间。

园林厅堂之周围亦常建若干附属房屋，使其空间组合比较复杂，如留园的五峰仙馆，此厅之西北角与汲古得绠处相连，东南接鹤所，西南与清风池观及西楼相通，这些都可作为厅堂的辅助面积而互相联系，功能上亦明显地反映了过去园主的生活方式，对应于他们生活方式之特有的生活空间的体现，可以从《品花宝鉴》第七回"颜仲清最工一字对 史南湘独出五言诗"中窥见一斑，且我们皆知：空间只有通过人们在其中的活动才能表现出其意义。

"随后梅子玉高品一同到门，家人引着走过大厅，到了花厅之旁，垂花门进去，系石子砌成的一条甬道，两边是太湖石叠成，高高低低的假山，衬着参参差差的寒树；远远望去，却也有台有亭，布置得十分雅致，转了两三个弯，过了一座石桥，甬道旁边，一色的都是绿竹绕着一带红栏，迎面便是五间卷棚。颜仲清等都在廊下等候。刘文泽早已降阶迎接。……大家依次入座。免不得叙几句寒温，内中惟子玉初次登堂，留心看时，只见正中悬着一块楠木刻的蓝字横额，上面刻着倚剑眠琴之室，两旁楹帖是桃榔木刻的。'茶烟乍起，鹤梦未醒，此中得少佳趣。松风徐来，山泉清听，何处更着点尘。'署款是道生屈本立书，书法古拙异常，下面一张大案，案上罗列着许多书籍，旁边摆着十二盆唐花，香气袭人，令人心醉。"[16]

　　而园林的亭构则大多因地制宜地选择不同的造型和布局，故有"高方欲就亭台，低凹可开池沼"[17]之说。"亭台突池沼而参差"[18]，亭往往都从嶙峋的峭壁边缘突出来，因为这里从山坡吹来的上升气流速度最大，且亭作为一个开敞通风的装饰性建筑，应和建筑与园林的边界交融在一起，即它的位置形体须与环境相配合，如拙政园中部的雪香云蔚亭建于山上，因山形扁平，故采取长方形平面；该园西部的扇面亭位于池岸向外弯曲处，因而以凸面向外；狮子林的扇子亭建于西南角地势略高处，为了便于凭栏眺望，亦采用凸面向外的形式（图2-6）。

图2-6　狮子林

　　亭亦可为园主在一年中为最为炎热的季节提供一个舒适凉爽的起居活动空间而设计的，关于这一点，明代的《醒世恒言》第29卷"卢太学诗酒傲公侯"可资说明：

　　"池心中有座亭子，名曰'锦云亭'。此亭四面皆水，不设桥梁，以采莲舟为渡，乃卢楠纳凉之处……周围朱栏画槛，翠幔纱窗，荷香馥馥，清风徐徐，水中金鱼戏藻，梁间紫燕寻巢，鸥鹭争飞叶底，鸳鸯对浴岸傍。去那亭中看时，只见藤床湘琚，石榻竹几，瓶中供千叶碧莲，炉内焚百和名香"。[19]

　　由此可知，盛夏季节古人往往在临水之亭中用绢为幔，可以遮蔽阳光的直射；且为了充分地利用盛行风，亭往往拥有巨大的开口，以允许微风自由地穿过这个构筑物。同时，亦可在亭内布置各类家具与器设，在苏州传统园林中，它有一种理想的构建模式：树荫使亭这个构筑物全天大部分时间保持阴凉，并最大限度地朝向夏季风开放，可以创造出一个凉爽阴影下的幽深空间，并与夏季强烈的光和热形成鲜明的反差。

## 2.6 小结

  "文学性"是中国传统艺术的关键特征，又是中国传统园林、绘画的重要特征之一。中国传统园林是凝固了的中国绘画和文学，它比一般建筑蕴藏着更大、更多的艺术目的。中国传统园林是凝聚着中国人的美学观念和思想感情，它根据绘画和文学的艺术意念来追求和创造美的世界。同时，园林艺术不仅与绘画相通，它亦合绘画、书法、诗歌、工艺诸艺为一堂，是一门综合艺术。园林把大自然的美浓缩在生活空间内，目的是为与大自然融合为一的艺术生活，它是由人所创造出来的"人工环境"，给每一种人产生每一种不同的体会。

  园林和中国的文学和绘画之间存在着相当深度的关联，它们相互影响而发展，常常表现出一些共同的意境和情怀，而园林之所以不同于其他艺术，亦主要是基于其形象特征和游赏功能。同时，在具体研究中国古典园林的"空间图式"问题时所借用的研究工具，应如张永和所说，许多中国空间在待于进一步地分析和研究。研究工具之一仍可能是绘画。因为，问题是如何使用任何工具而不被它以及其背后的思想方法所局限，对绘画这一特定工具进行空间性经验性的概念阐释和使用尝试也是有意义的工作。……中国古代的建筑设计工具是文字，如宋代的《营造法式》和模型（如清代的烫样），支持着前面中国古代建筑不可画的观察。……在对中国空间的研究中是否蕴藏着重新定义中国建筑的契机？

---

**注释：**

[1]黄仁宇. 放宽历史的视界 [M]. 北京：生活·读书·新知　三联书店，2001：5-6.

[2]黄仁宇. 放宽历史的视界 [M]. 北京：生活·读书·新知　三联书店，2001：6.

[3][美]伊佩霞. 剑桥插图中国史 [M]. 赵世瑜等译. 济南：山东画报出版社，2002：149.

[4]转引自陈江. 明代中后期的江南社会与社会生活 [M]. 上海：上海社会科学院出版社，2006：174.

[5]转引自李允鉌. 华夏意匠：中国古典建筑设计原理分析 [M]. 天津：天津大学出版社，2005：309.

[6]常青. 建筑学的人类学视野 [J]. 建筑师，2008（12）

[7] 佚名. 明珠缘 [M]. 上海：上海古籍出版社，1996：12.

[8] [美] 阿摩斯·拉普卜特 [M]. 文化特性与建筑设计 [M]. 常青等译. 北京：中国建筑工业出版社，2004：39.

[9] 李允鉌. 华夏意匠：中国古典建筑设计原理分析 [M]. 天津：天津大学出版社，2005：287.

[10]（清）陈森. 品花宝鉴 [M]. 郑州：中州古籍出版社，1993：93.

[11]（清）曹雪芹，高鹗. 红楼梦 [M]. 北京：人民文学出版社，1974：191−192.

[12] 佚名. 明珠缘 [M]. 上海：上海古籍出版社，1996：142.

[13] [美] 阿摩斯·拉普卜特 [M]. 文化特性与建筑设计 [M]. 常青等译. 北京：中国建筑工业出版社，2004：85.

[14] 佚名. 明珠缘 [M]. 上海：上海古籍出版社，1996：142.

[15] 陆邵明，王伯伟. 空间蒙太奇 [J]. 世界建筑，2005（7）

[16]（清）陈森. 品花宝鉴 [M]. 郑州：中州古籍出版社，1993：92−93.

[17]（明）计成著，陈植注释. 园冶注释 [M]. 北京：中国建筑工业出版社，1988：56.

[18]（明）计成著，陈植注释. 园冶注释 [M]. 北京：中国建筑工业出版社，1988：58.

[19]（明）冯梦龙. 醒世恒言 [M]. 北京：中国文史出版社，2003：531.

# 第3章 "景观图像与园林意匠"
## —— 《 金 瓶 梅 》 中 的 晚 明 园 林 艺 术 呈 现

中国传统文本在文字与图像的建构上有着"无书不图"、"左图右书"、"左图右史"的典型特征,"叙与画合"的通俗叙事的文本样式在元明已繁盛起来,尤其是明代万历之后,坊间所刊书籍,几乎无书不图。"绣像小说"作为明清时期带有版画插图的一般通俗小说,使得语言叙事"意象空间"与图像的"可视空间"完美地融合起来,对于园林艺术家而言,《金瓶梅》等古典文学作品可为当下提供丰富的创作素材,亦是研究明代中后期园林艺术风格的绝佳资源。

## 3.1 世俗的烂漫

《金瓶梅》是明末著名小说家冯梦龙谓称的明代"四大奇书"[1]之一，它亦被清人张竹坡特别称为"第一奇书"，据现存最早的《金瓶梅》序言来考证，至今某作者仍是"谜"[2]一般的"兰陵笑笑生"。《金瓶梅》表面写就的是北宋社会，而实际上却从世俗人生的角度复制了晚明时期的社会生活情景，既保留了传统小说所具有的一种历史沧桑感，更充满了强烈的现实气息。且《金瓶梅》甫一诞生就被贴上了"禁"[3]字标签，政府禁它，民间也骂它，中国禁它，外国也禁它，然而却是一部怎么禁也禁不住的旷世奇书。数百年来，它在遭禁的同时，却以多种版本的面貌潜流于俗世（图3-1、图3-2），亦曾以手抄本的形式在不同地区流传（图3-3）。

图3-1　人民文学版《金瓶梅词话》　　图3-2　中国台湾大佑版　图3-3　线装《金瓶梅词话》
　　　　　　　　　　　　　　　　　　　　　　《金瓶梅》　　　　手抄本

《金瓶梅》的版本虽复杂，大体而言仍可划归为三个类型：一是现存刊刻年代最早的《新刻金瓶梅词话》，因书名有"词话"两字，故简称为"词话本"，又由于它刻在明代万历年间，故亦称"万历本"（图3-4）；二是刊刻于晚明崇祯年间的《新刻绣像批评金瓶梅》，增加了插图与评点，在文字上作了许多修饰，更突出了文学性，一般亦称之为"崇祯本"（图3-5）；三是清代康熙年间张竹坡所作的评点本——《彭城张竹坡先生批评金瓶梅第一奇书》，其正文基本与崇祯本一样，但其大量的评点文字不乏精到之见，有助于读者的阅读与欣赏，人称"张评本"或"第一奇书本"（图3-6）。这三种本子在不同年代经过不同书坊的刊印，于是在明清两代留下了许多不同的《金瓶梅》。

而明代中后期通俗小说的创作、刊刻与流布，与当时的中央极权统治的削弱、市民阶层的

图3-4 "万历本"

图3-5 明崇祯本《金瓶梅》第一
回西门庆热结十弟兄

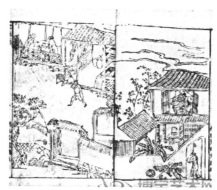

图3-6 "第一奇书本"

价值取向和艺术趣味的主导以及文化消费市场的活跃等因素息息相关，且此类世俗化的"俗文学"对文人士大夫也极具吸引力，如袁中道就曾记述其与董其昌论及小说的情形："往晤董太史思白，共说诸小说之佳者旨，思白曰：'近有一小说，名《金瓶梅》，极佳。'予私识之。后从中郎真州，见三此书之半，大约模写儿女情态具备。……琐碎中有无限风波，亦非慧人不能。"[4]沈德符则记载了当时著名文人徐阶等纷纷收藏、传抄《金瓶梅》的情况，如其曾记述其见友人有《金瓶梅》一书，"因与借抄挈归。吴友冯犹龙[5]见之惊喜，怂恿书坊，以重价购刻。马仲良时榷吴关，亦劝予应梓人之求，可以疗饥"，沈氏未予应允，然"未几时，而吴中悬之国门矣"。[6]袁宏道则作《觞政》，还"以《金瓶梅》配《水浒传》为外典"。事实上，延至晚明时期，通俗小说已有庞大的读者群，故在市场上颇为抢手，而书贾因利润可观，亦千方百计请人改编、创作，遂促使通俗小说臻于鼎盛，如昆山士人叶盛就载："今书坊相传射利之徒伪为小说杂书，南人喜谈如汉小王光武、蔡伯喈邕、杨六使文广，北人喜谈如继母大贤等事甚多。农工商贩，抄写绘画，家畜而人有之；痴呆文妇，尤所酷好。……至百态诬饰，作为戏剧，以为佐酒乐客之具。有官者不以为禁，士大夫不以为非。"[7]

## 3.2 文本的镜像

中国传统文本在文字与图像的建构上有着"无书不图"、"左图右书"[8]、"左图右史"[9]的典型特征，"叙与画合"的通俗叙事的文本样式在元、明时期已繁盛起来，尤其是明代万历之后，书坊间所刊书籍，几乎无书不图。[10]"绣像小说"作为明清时期我国古典小说的一种刊行样式，即为带有版画插图的一般通俗小说[11]，使得语言叙事"意象空间"与图像的"可视空间"完美地融合起来。绣像小说虽常被称为"插图本小说"，但它的图像并非必然依据文字"插入"，其图像与文字经历了逐渐从不相匹配到相互匹配，并形成以文字为中心的模式。这些插图亦不只是小说文本的附庸，对于人物刻画、情节叙事、场景交代等更是起到了有力的支撑作用，因而具有很强的艺术独立性与审美感染力，这即为特定对象的专门深入研究（如传统园林艺术）提供了较大的可能性。同时，此类绣像小说中插图的"图像叙事"与小说的"语词叙事"之间亦能形成多重互文关系，如通过莱辛式的"暗示"、图像并置、叙述视角转换、叙事区隔等方式予以实现的"因文生图"，以及"图略于文"、"图溢出文"、"图中增文"、"图外生文"等。[12]

晚明时期刊行的各种文学作品（小说、戏剧等）中的大量木刻版画插图，对当时的园林艺术营造的刻画尤多，描绘亦更显生动，因期刚好是中国木刻插图的黄金时代，而这个时代的特征恰好是小说戏曲的插图空前繁荣，由之，有如此丰富的图像可资研析，我们现今仍可得以探视16~17世纪时期中国传统园林艺术之"真实景观"在文学文本中"艺术虚构"。《金瓶梅》插图——明代日常生活的一面镜子——"真实"地镜像了晚明日常生活世界的场景叙事，郑振铎先生在其《插图本中国文学史》第六十章即表彰《金瓶梅》展现了"真实的民间社会的日常的故事"，郭咏蘩先生亦认为《新刻绣像批评金瓶梅》之学术价值在于"作者更以写实的创作精神把当时中等以上富豪人家的家庭状况和享用服饰等，一一的捉写在图版中"[13]。且此类型"虚构"艺术亦恰如陈平原评点此书在中国小说史的意义时所说的十五个字："真实的生活"、"琐碎的笔墨"、"完整的结构"，"但若谈论图像与文字之转化与互相启发，我更愿意集中在'真实的生活'

图3-7　第十八回见娇娘敬济　　图3-8　第四十二回逞豪华门前放　　图3-9　第四十八回走捷径操归七
魂消　　　　　　　　　　　　　　　　烟火　　　　　　　　　　　　　　　件事

（明崇祯本《金瓶梅》）

与'琐碎的笔墨'。""除了人物造型生动，更有亭台楼阁、古道垂杨、城郭衙府、酒肆茶场等生
活场景，以及赏灯、饮宴、迎娶、丧葬等社会风情。而所有这些个性化且贴近日常生活的绣像，
对于今人之进入明代特定情境，无疑起很好的引导作用。在此意义上，《金瓶梅》二百插图，可
做文明史图鉴阅读。"[14]同时，基于本文研究对象主要为《金瓶梅》中所镜像的晚明园林艺术，
其"图"主要参鉴于《新刻绣像批评金瓶梅》（"崇祯本"）（图3-7~图3-9），其"文"则主要溯
源至《新刻金瓶梅词话》（"万历本"）。

## 3.3　玉制的匣子

中国园林艺术发展至明清时期着重于将自然的山水形象加以概括之后，微缩在一个固定的地
方，是以小见大地将大自然引入城市之中，客观来说是由于此期城市入口激增以及城市用地日益局
促使得人们不得不热衷于这样煞费苦心地模拟自然般地园林建造，即"将自然纳入一己的园林之
内，在壶中天地之间享受自然之乐，气魄委实小了些。"[15]文人的精神也日渐儒雅，精致的生活仿佛
是给人们做了一个玉制的匣子，明清园林所营造的就是这个经过"精雕细琢"的匣子（图3-10~图

图3-10　第十回妻妾玩赏芙蓉亭　　图3-11　第十回义士充配孟州道　　图3-12　第三十六回蔡状元留饮
　　　　　　　　　　　　　　　　　　　　（明崇祯本《金瓶梅》）　　　　　　借盘缠

3-12）——一种"内向景观世界的精神性建构"，晚明才子文震亨有曰："石令人古，水令人远，园林水石最不可无要，须回环峭拔，安插得宜，一峰则太华千寻，一勺则江湖万里。又须修竹、老木、怪藤、丑树，交覆角立苍崖，碧涧奔泉泛流，如入深岩绝壑之中，乃为名区胜地。"[16]

　　文震亨的兄弟文震孟即为留存至今的明代古典文人园之"艺圃"[17]的第二代主人，文震孟购得艺圃时对已经废圮的园林只是略加修葺，改"醉颖堂"为"药圃"，且在其后几十年，文震孟对自己的这所宅园亦从未扩充过一分土地、加建过一橼房屋，基本上保存了"醉颖堂"时期写意山水园的特质。艺圃地处往日繁闹无比的苏州古城西北阊门吴趋坊的文衙弄，园主人仅据自己住宅间隙地那"螺蛳壳般、巴掌大"的地块筑造而来——不足五亩地而已，但其园林艺术却较多地保存了明代园林艺术的风格、布局和造园手法，以自然质朴取胜，充溢着浓郁的江南水乡野趣（图3-13）。艺圃可谓是苏州现存明式小园林的代表，四百多年来历经沧桑，主体风格却无多大变化——一直在强烈地诉求着开朗简练的叠山理水手法以及"闭塞中求敞"、"浅显中求深"、"狭隘中求险"的艺术哲学[18]。

　　园内水池居中，约占花园全部的四分之一，池南以山景为主，池北则以建筑为主。水池略呈矩形，在东南、西南各有水湾，架设低平的小桥。池东西两岸，以疏朗的亭廊、树石为南北之间的过渡与陪衬，池东南角的"乳鱼亭"则是明代遗物（图3-14）。池北的水榭"延光阁"（图3-15）面阔5间，造型简朴，挑临水面，其水平维度的景观建构当属苏州园林中最佳，亦为此园

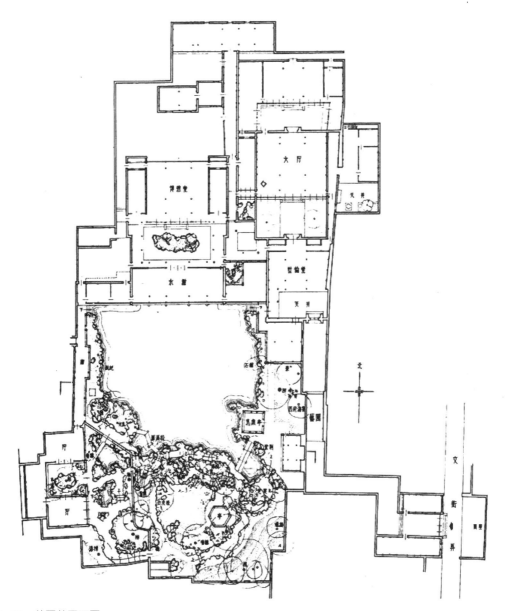

图3-13 艺圃总平面图

观赏山水的最佳处。而池西南角的庭院"芹庐"是园主"品茗、会友、静思、读书"之处——独
属园主的"禅思静地",亦更是关乎园主个人精神世界的安身立命之所(图3-16、图3-17)。

　　而《金瓶梅》"第十九回 草里蛇逻打蒋竹山 李瓶儿情感西门庆"(图3-18)则如此叙述了地
方富户西门庆家宅华丽的古典园林艺术形态,奢靡的享乐生活更被妖冶脂粉气强烈地笼罩着:

一日，八月初旬，与夏提刑做生日，在新买庄上摆酒。叫了四个唱的、一起乐工、杂耍步戏。西门庆从巳牌时分，就骑马去了。吴月娘在家，整置了酒肴细果，约同李娇儿、孟玉楼、孙雪娥、大姐、潘金莲众人，开了新花园门游赏。里面花木庭台，一望无际，端的好座花园。但见：

正面丈五高，周围二十板；当先一座门楼，四下几多台榭。假山真水，翠竹苍松。高而不尖谓之台，巍而不峻谓之榭。论四时赏玩，各有去处：春赏燕游堂，松柏争先；夏赏临溪馆，荷莲斗彩；秋赏叠翠楼，黄菊迎霜；冬赏藏春阁，白梅积雪。刚见那娇花笼浅径，嫩柳拂雕栏：弄风杨柳纵娥眉，带雨海棠陪嫩脸。燕游堂前，金灯花似开不开；藏春阁后，白银杏半放不放；平野桥东，几朵粉梅开卸；卧云亭上，数株紫荆未吐。湖山侧，才绽金线；宝槛边，初生石笋。翩翩紫燕穿帘幕，呖呖黄莺度翠阴。也有那月窗雪洞，也有那水阁风亭。木香棚与荼蘼架相连，千叶桃与三春柳作对。也有那紫丁香，玉马樱，金雀藤，黄刺薇，香茉莉，瑞仙花。卷棚前后，松墙竹径，曲水方池，映阶蕉棕，向日葵榴。游鱼藻内惊人，粉蝶花间对舞。正是：芍药展开菩萨面，荔枝擎出鬼王头。

当下吴月娘领着众妇人，或携手游芳径之中，或斗草坐香茵之上。一个临轩对景，戏将红豆

图3-14　乳鱼亭与池水之南被叠成绝壁的湖石假山

图3-15 "淡定平远"的延光阁

图3-16 从芹庐小院的"浴鸥"月亮门北望延光阁

（a）

（b）

图3-17 造型高凸的一堵白墙将尘世空间的喧嚣与隐逸山林的文人情结空间"芹庐"相阻隔

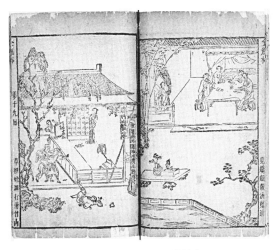

图3-18　第十九回　草里蛇逻打蒋竹山　　　　图3-19　第五十一回　打猫儿金莲品玉

（明崇祯本《金瓶梅》）

掷金鳞；一个伏槛观花，笑把罗纨惊粉蝶。月娘于是走在一个最高亭子上，名唤卧云亭，和孟玉楼、李娇儿下棋。潘金莲和西门大姐、孙雪娥都在玩花楼望下观看。见楼前牡丹花畔、芍药圃、海棠轩、蔷薇架、木香棚，又有耐寒君子竹、欺雪大夫松。端的四时有不谢之花，八节有长春之景。观之不足，看之有余。不一时摆上酒来，吴月娘居上，李娇儿对席，两边孟玉楼、孙雪娥、潘金莲、西门大姐，各依序而坐。月娘道："我忘了请姐夫来坐坐。"一面使小玉："前边快请姑夫来。"不一时，敬济来到，头上天青罗帽，身穿紫绫深衣，脚下粉头皂靴，向前作揖，就在大姐跟前坐下。传杯换盏，吃了一回酒，吴月娘还与李娇儿、西门大姐下棋。孙雪娥与孟玉楼却上楼观看。惟有金莲，且在山子前花池边，用白纱团扇扑蝴蝶为戏。不妨敬济悄悄在他背后戏说道："五娘，你不会扑蝴蝶儿，等我替你扑。这蝴蝶儿忽上忽下心不定，有些走滚。"那金莲扭回粉颈，斜瞅了他一眼，骂道："贼短命，人听着，你待死也！我晓得你也不要命了。"那敬济笑嘻嘻扑近他身来，搂他亲嘴。被妇人顺手只一推，把小伙儿推了一跤。却不想玉楼在玩花楼远远瞧见，叫道："五姐，你走这里来，我和你说话。"金莲方才撇了敬济，上楼去了。[19]

　　然而，从以上引文中也可觉现人的世俗活动又提供了一个打破"玉匣子"的绝好契机——"园林成为人性释放的场所"、"园林成为自由呐喊的舞台"、"园林成为百态炎凉的境域"，即在这里可以看到，对自然人性的束缚与释放，对主体精神的压抑和对压抑的反抗，矛盾的冲突使得赏园之乐由以往的宁静转向了对性情的放纵和恣意享乐，这正是晚明园林艺术的内在审美心理不同于以往之处（图3-19）。恰如李渔在《闲情偶寄》"颐养部·行乐第一"中所说："夏不谒客，亦

第3章　"景观图像与园林意匠"

——《金瓶梅》中的晚明园林艺术呈现

无客至，匪止头巾不设，并衫履而废之。或裸处乱荷之中，妻孥觅之不得；或偃卧长松之下，猿鹤过而不知。洗砚石于飞泉，试茗奴以积雪；欲食瓜而瓜生户外，思啖果而果落树头。可谓极人世之奇闻，擅有生之至乐者矣。"这种对自然之趣的偏爱是因为人们意识到了主体自我的需要，意识到了真实人性的需要，这种倾向在本质上来看，与小说艺术中出现的纵欲现象是相同的，同样是因为主体的觉醒。

## 3.4 版画的复原

　　本节主要以"设计性的造园形态复原"为研究起点，聚焦在初刻于明万历四十年的《宋词画谱》（又称《诗馀画谱》）中的园林版刻插图。源于宋人所辑《草堂诗馀》的《宋词画谱》乃选取宋词近百首，分别配有木刻版画，其版画清新隽秀、精致典雅，以摹刻历代名家之作为主。其绘事刻工，精妙流动，略无板滞。在章法、场景、线纹等处理上，编刻者尽其所能保持名家原画之神韵，并强调木刻块面动静、虚实、刚柔的对比变化，刀法随类赋形，充分体现徽派版画丰赡妍丽之特点。郑振铎曾高度赞扬该书版画为"罕见精绝之品"。线装书局在2012年版明宛陵（今安徽宣城）汪氏辑印的《宋词画谱》巾箱本中亦指出原书录词中有将作者误置的现象："如《如梦令·春恨》本为秦观作，误为晏几道；《浣溪沙·春恨》本为晏殊作，误为李璟；《菩萨蛮·秋闺》本为祖可作，误为秦观；《画堂春·春怨》本为秦观作，误为徐俯；《柳梢春·春暮》本为蔡伸作，误为贺铸。本书对此一一做出修改。该书还收录了李白《菩萨蛮》、《忆秦娥》，学界对二词作者有颇多争议，此处仍依原书。"

　　"宋词、版画、园林"三者的"文学性"景观场景的内在关联，赋予了中国传统造园艺术的直观性图像呈现——效果图式地晚明园林制图"出场"，但存在一个关键问题即"局部的园林透视图像"之外的"空白世界"需要笔者通过"想象性地、原创性地"设计复原，也就是说在"宋词意境"框架之外的"造园重构"——这也是一个关于晚明江南地区既虚构又真实的"造园镜像"活动。事实上，版画之外的"想象空白"恰恰成为了一种"景观悬念"，需要不断地破译与深度阐释。

　　复原①——秦观的《捣练子·秋闺》：心耿耿，泪双双，皓月清风冷透窗，人去秋来宫漏永，夜深无语银缸（图3-20）。

（a）原版画与计算机复原效果图

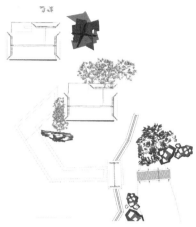

（b）计算机复原平面假想图

（c）计算机复原立面假想图（一）

（d）计算机复原立面假想图（二）

图3-20　复原①

　　复原②——李清照的《如梦令·春景》：昨夜雨疏风骤，浓睡不消残酒。试问卷帘人，却道海棠依旧。知否？知否？应是绿肥红瘦（图3-21）。

（a）原版画与计算机复原效果图、立面假想图

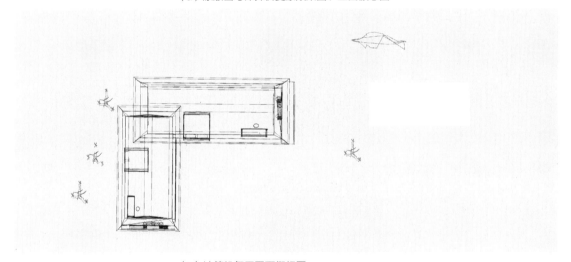

（b）计算机复原平面假想图

图3-21　复原②

复原③——李清照的《凤凰台上忆吹箫·离别》：香冷金猊，被翻红浪，起来慵自梳头。任宝奁尘满，日上帘钩。生怕离怀别苦，多少事、欲说还休。新来瘦，非干病酒，不是悲秋。休休，这回去也，千万遍阳关，也则难留。念武陵人远，烟锁秦楼。惟有楼前流水，应念我、终日凝眸。凝眸处，从今又添，一段新愁（图3-22）。

原版画与计算机复平面假想图、效果图、立面假想图

图3-22　复原③

复原④——苏轼的《贺新郎·夏景》：乳燕飞华屋，悄无人、桐阴转午，晚凉新浴。手弄生绡白团扇，扇手一时似玉。渐困倚、孤眠清熟。帘外谁来推绣户，枉教人、梦断瑶台曲。又却是，风敲竹。石榴半吐红巾蹙。待浮花浪蕊都尽，伴君幽独。秾艳一枝细看取，芳心千重似束。又恐被秋风惊绿。若待得君来向此，花前对酒不忍触。共粉泪，两簌簌。（图3-23）

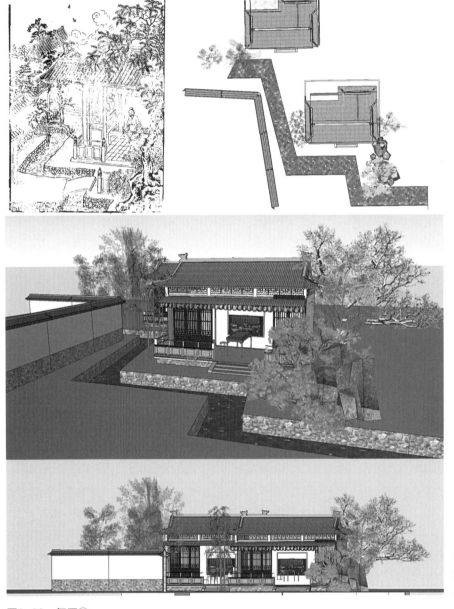

原版画与计算机复平
面假想图、效果图、
立面假想图

图3-23　复原④

**旧式迷宫**
苏州传统园林空间设计研究录

## 3.5 小结

造园艺术是由人所创造出来的一个"想象中的自然",一个"夺天工的人化自然",园林艺术和文学之间相互影响而发展亦耦合相生,中国传统园林是凝固亦有机生长着的中国立体文学,它映射出中国人的游戏哲学、美学思想、空间观念和工艺章法。对于园林艺术家而言,《金瓶梅》等古典文学作品可为当下提供丰富的创作素材,亦是研究明代中后期园林艺术风格的绝佳资源——关于一个时代、一个世界想象的镜子。而且《金瓶梅》对后世的文学创作(如《红楼梦》等)、绘画艺术创作、木刻刊行方式、园林艺术风格传播途径等诸多方面均也有着重大影响(图3-24),文学史家阿英就曾明示道:自配有插图的程伟元本《红楼梦》[20]问世以来的一百七十年间,"美术家们不断精心创造",这无疑构成了另一种名著阐释史,如清乾嘉年间,以红楼入画者当推改琦[21]最为著名(图3-25),其以红楼梦插图的杰出作品有《红楼梦图咏》、《红楼梦临本》、《红楼梦图》等,而《黛玉葬花》则堪称《红楼梦临本》12幅中最具诗意的代表画作。

图3-24 程甲本林黛玉

图3-25 改琦绘黛玉葬花

## 注释:

[1] 即《三国演义》、《水浒传》、《西游记》及《金瓶梅》。

[2] 这位兰陵笑笑生究竟是谁呢？明人就众说纷纭，有人说他是"嘉靖间大名士"（沈德符：《万历野获编》），也有人说他是"绍兴老儒"（袁中道：《游居柿录》），又有人说他是"金吾戚里"的门客（谢肇淛：《金瓶梅跋》），还有人说他是被陆炳陷害后"籍其家"而有"沉冤"者（屠本畯：《山林经济籍》）。后人作种种研究，亦有不少推测，如至今被提名的已有王世贞、李开先、屠隆等三十余人，可惜均找不到确凿的证据，故"兰陵笑笑生"至今还在云里雾里。

[3] 其后的清人、近人、今人一直在争论不休，毁之者总把它视作古今第一淫书，悬为厉禁，或者冠之以"自然主义"、"客观主义"等现代恶谥加以否定；崇之者则认为"同时说部，无以上之"（鲁迅语），说它"实在是一部可诧异的伟大的写实小说"，甚至是"中国小说发展的极峰"（郑振铎语）。

[4] 袁中道：《游居柿录》卷9。

[5] 即冯梦龙。

[6] 绿天馆主人：《古今小说叙》。

[7] 叶盛：《水东日记》卷21。

[8] 出自明·郑棠《长江天堑赋》："桂楫兰舟，左图右书。""左图右书"一般指嗜书好学，周围都是图书，也特指一种有插图的读物。康有为在《大同书》甲部第一章亦云："其与都邑之士，隐囊麈尾，裙屐风流，左图右书，古今博达，不几若人禽之别欤！"。

[9] 出自《新唐书·杨绾传》："独处一室，左图右史。"《晚清文学丛钞·轰天雷》第十二回中亦有："北山在狱中，一日三餐，左图右史，倒很舒服。"

[10] 张玉勤：《中国古代小说"语-图"互文现象及其叙事功能——基于皮尔斯符号学的视角》，《江西社会科学》2010年12期。

[11] 明清通俗小说充满大量的插图，鲁迅先生即认为："宋、元小说，有的是每页上图下说，却至今还有存留，就是所谓'出相'；明清以来，有卷头只画书中人物的，称为'绣像'。有画每回故事的，称为'全图'。那目的，大概是在诱引未读者的购读，增加阅读者的兴趣和理解。"

[12] 张玉勤：《论明清小说插图中的"语-图"互文现象》，《明清小说研究》2010年01期。

[13] 郭味蕖：《中国版画史略》，朝花美术出版社1962年版。

[14] 陈平原：《看图说书：小说绣像阅读札记》，三联书店2003年版。

[15] 周纪文：《中华审美文化通史．明清卷》，安徽教育出版社2005年版。

[16] 文震亨：《长物志》卷3《水石》。

[17] 艺圃是一座始建于明代的名园，最初为明代学宪袁祖庚所建，初名"醉颖堂"，后归文徵明的曾孙、明末礼部左侍郎兼东阁大学士文震亨，改名为"药圃"。明亡后，在清初为明崇祯进士姜埰（号敬亭）所有，故改称"敬亭山房"，后其子姜实节更名"艺圃"，大致仍旧保持明末清初的旧貌。艺圃2000年底已被联合国教科文组织列入世界文化遗产。

[18] 柯继承：《艺圃感悟》，人民日报海外版2001年03月29日第七版文艺副刊。

[19] 兰陵笑笑生：《金瓶梅词话》，人民文学出版社1985年版。

[20] 即乾隆五十六年（公元1791年），萃文书屋印行《新镌全部绣像红楼梦》(即程甲本)，书中有图42幅，每幅图还有评赞诗词一首。阿英认为这个本子的插图"在传统的中国小说插图里，是别具风格的"，"画家逐幅的刻画了人物及其环境，并且几乎全是以细线组成。有些人物的造型顾长俊美，神态很吸引人"。

[21] 改琦的生年刚好在红楼梦作者曹雪芹逝世10年以后，那时候《红楼梦》算是流行读物，所以他也情有独钟，人物画作中自然少不了红楼梦人物，以至出版红楼梦人物画册，已印行的至少有《红楼梦图咏》《红楼梦图》《红楼梦临本》三种，其中以《红楼梦图咏》尤为著称。这部《红楼梦图咏》成书比较早，可出版发行很晚。资料记载：该书从大约嘉庆二十年开始绘制，间隔了60多年。因为当时改琦以《红楼梦》图见示于住在上海的风雅盟主李筠香，筠香以为"珍秘奇甚，每图倩名流题咏，当时即拟刻以行世"。但道光九年，李筠香和改琦相继去世，"图册遂传于外"。到道光十三年，被改琦弟子顾春福复得，但不知为何又流于南昌，光绪三年被淮浦居士购得，直到光绪五年方才出版发行。

# 第4章 "点·线·面"
## —— 苏 州 传 统 园 林 空 间 设 计 要 素 建 构

苏州传统园林作为江南园林乃至中国园林艺术风格的显著文化标识，从设计学视角研究其根源则在于苏州传统园林在空间结构要素整合上的"一致性"与"建构性"特质，即"点状结构的串通"、"线状结构的分隔"和"面状结构的联接"。同时，相对于苏州传统园林空间形态之间的"形似"而言，"生态建筑之精神"却是隐藏于形似背后的"神似"。

中唐著名文人兼造园家白居易之《草堂记》载："洞北户，来阴风，防徂暑也；敞南甍，纳阳日，虞祁寒也。"[1]匡庐草堂构筑凸显着朴素的生态建筑之精神、设计结合自然之精神，并将季节变换与气候条件纳入生活环境设计的重要考量因素，"热爱自然、顺应自然、体验自然"是其园屋的建构之道。而在苏州传统园林"点·线·面"空间结构的造型要素整合上，相对于其空间形态之间的"形似"而言，"生态建筑之精神"却是隐藏于形似背后的"神似"。

## 4.1 点状结构的串通

### 4.1.1 形态、尺度多样的桥

桥是固定的船、延伸的路，架桥通隔水，是人对大自然空间限制的冲决（图4-1）。计成是如此描述桥的："横跨长虹"、"横引长虹"……而海德格尔是这样评价桥的："桥梁飞架于溪水之上，'轻盈而刚劲'。它并非仅仅把已存在那里的两岸连接起来。只有当桥架于溪水之上时，河岸才作为河岸出现……桥正是通过河岸把两岸背后的风景带给溪流。它使溪流、河岸与大地相亲近，它集聚大地，使之作为风景而环抱溪流……桥梁千姿百态，它们一直以不同的方式与人的或急或慢的往来行程相伴，因而使人们可以从此岸走向彼岸……"[2]。海德格尔在此将桥梁作为一个沟通自然与人的媒介，强调了人的"存在"与空间的场所精神。

但在苏州传统园林中的又有一些小园由于水面小，宜聚不宜分，同时也不宜架桥，因而设置步石，这也是古时匠师惯用的造园套路，也只有这样，才可以控制住水面。桥被看作景观的重要组成元素，它们的设计自然就和道路以及房屋等联系起来，它们要和周围的环境相协调，如拙政园的小飞虹就是一个廊与桥组合而成的廊桥，亦可以看作是跨越水上的阁道；苏州名园艺圃中的一连四座贴水桥（直桥、曲桥、石桥、拱桥）穿墙过水，联成一气，桥桥有景，桥桥有情，更有理，"蜿蜒水流从低矮曲桥下流过。而桥的功用，十分奇特，似乎在引人接近水面以被浸淹，而不是越水而过。简直乱了套！"[3]同时，桥在空间分隔与丰富空间之景深的设计中，亦有相当作用——"扩展空间领域感"，将桥之多样的形态镶嵌于山水景观空间中，更增添了园林环境的似画诗意氛围（图4-2）。

图4-1　苏州传统园林内形态、尺度多样的桥

（a）　　　　　　　　　　　（b）

图4-2　艺圃的贴水桥

## 4.1.2　式样众多、设计结合自然的墙洞

"墙"在明清时期已成为建筑与园林的主要空间造型因素，而装饰的主要因素则让位于屋脊。苏州传统园林常在作为空间分隔元素的墙体（院墙、廊墙、屋之山墙等）上开口，若根据计成在《园冶》卷三中对其类型的划分——"门空"和"窗"。墙上各种形状的开口造型有椭圆形的、圆形的、扇形的、六角形的以及很多其他形状，其目的之一是构成一个景框，或者通过这些形状使园景产生一种特殊的外貌。但由于墙体常常处于建筑密度较大的人工构筑环境中，因此墙洞设置的主要目的并非通常所说的只是为了美学上的"框景"、使相邻的空间在视觉上有着紧密联系而存在，以捕捉动态的视觉画面。其实更为重要的却是出于营造一个温度适宜、空气流通且新鲜的、采光良好的人居环境，尤其是在苏州较漫长的炎热季节里，此作用更为明显。光从美学的角度来探讨墙洞之造型似乎并不能看清古时匠师的真正设计意图和墙洞缘何成为苏州传统园林的典型特征。古代造园匠师并非突发奇想而专门弄出一个专门用于视觉欣赏之用、穷尽其奇思妙构而弄出的一个"框"，而是由实际功能需要进而产生的在造物形态与审美情趣上相结合之设计，同时，墙洞的美学设计又被赋予了深层次的复合文化含义。我们应该直达古人设计行为背后的本质意义，探寻隐藏于表面审美和空间形态背后的更深层次的生存需求——更舒适生存环境的生理机能与心理感知之双重追求。此时墙洞的美学效果可以被视作为功能设计的副产品，墙洞之多样的设计形式，的确是适应自然气候与老练美学手法的精准结合，更提升了苏州传统园林的空间品质。

苏州传统园林之门洞、窗洞实质是简单又巧妙的自然通风系统装置，它将风向作为其设计时的一个基本因素，基于人与气候和谐相处的造园设计视角配合气候特点进行设计，而不是与气候对抗，即阻挡寒冷的冬季风的同时，精心地利用和加强夏季风的降温效果。如苏州一带的夏季主导风向为东南风、冬季则为西北风，其园林墙洞往往在夏季主导风向上开口，接受来自遮阴空间中的凉爽空气，加速空气流通以降低园内之温度。沧浪亭的山水之间是一条贴水复廊，一道花窗粉墙将廊分成南北两边，北临水溪，南傍假山，曲折上下，廊壁上有许多图案各异、南北向开口的精美漏窗（图4-3）。而且，合理设计墙洞开口之形式，有加快空气流动之效果。因为压强的降低与气流的吸入相对应，由于经过小小开口时，风由于空气压力的变化而加速，在一侧迫使微风穿过洞口，之后在另一侧较小的洞口穿出时则加速，这一自然的通风降温系统使得低温的空气和热空气持续地进行着循环。房间亦通过墙上开口的设计来促进空气流动以达到降温的目的，如网师园小山丛桂轩北面墙上的"方中套圆"的窗洞、看松读画轩北面墙上的"方中套方"的窗洞等均为通风、降温、采光之用。

（a）　　　　　　　　　　　　　　　　　（b）

图4-3　沧浪亭南北朝向的墙洞与漏窗

这种自然的循环使得园宅内部的空气一直是新鲜的，同时也使被封闭空间的气温降低，这是一个简单的空气调节装置并与造型优美、有文化寓意的设计形式相结合起来。墙洞之"处处邻虚，方方侧景"即指相邻的实体之间必须留有空间，且"处处邻虚"就使建筑处于疏朗通透的空间环境之中，使庭院在空间层次上更富于层次和变化，给人视觉无尽的景境。如留园曲谿楼下的长廊西侧墙上，在不同部位用漏窗、大空窗、菱花窗、菱花隔扇等墙洞之形式，在通风、采光之

（a）

（b）

图4-4 留园曲谿楼下的长廊西侧墙之门空和窗

功能设计之外，增添的美学与文化设计亦多姿多彩，且使内外空间互相联系，使人的空间感知更加丰富（图4-4）。漏窗的样式亦变化无穷，一座园中极少有两个雷同，可以说苏州传统园林之墙洞形式一直在锤炼着造园者的丰富想象力，其式样虽众多，但其法式原型仍可循，在《园冶》中即有相关图例所示。

### 4.2.1 "随形就势"、"体式灵活"的廊道

（1）廊之形态

"线"是一种基本的空间经验，线性建筑也是一种基本的景观建构类型，确切地说"廊"并不能算作独立的建筑，它只是一种狭长的通道，用以联系园中建筑而无法单独使用，廊能随地形地势蜿蜒起伏，其平面亦可屈曲多变而无定制，因而在造园时常被用于分隔园景、增加层次、调节疏密、区划空间的重要手段。计成在《园冶》卷一"立基"篇中关于"廊"在园中之位置的经营上亦说到："廊基未立，地局先留，或余屋之前后，渐通林许。蹑山腰，落水面，任高低曲折，自然断续蜿蜒，园林中不可少斯一断境界。"[4]廊之"线"性元素已成为计成划分"园"之空间的重要空间结构要素，且廊对于游人又是一条事先确定的观景路线，随游廊起伏曲折而上下转折，行走其中，有"步移景异"的空间戏剧性效果（图4-5、图4-6）。

图4-5　拙政园贴水廊

廊若按形式分有直廊、曲廊、波形廊、复廊四种；按位置分有沿墙走廊、空廊、回廊、楼廊、爬山廊等。在苏州传统园林之中，曲廊大多仅一部分紧贴围墙而建，而其他部分则向外曲折，与墙之间形成大小、形状各不相同的狭小天井，其间植木点石，布置小景。为了造景的需要也有将廊从园中穿越，两面不依墙垣，不靠建筑，廊身通透，使园似隔非隔。这样的空廊也常被用于分隔水池，廊子低临水面，两面可观水景，人行其上，水流其下，犹如"浮廊可渡"。园林之中还有一种复廊，可视为两廊合一，也可以为是一廊中分为二，其形式是在一条较宽的廊子中间沿脊桁砌筑隔墙，墙上开漏窗，使内外的园景彼此穿透，若隐若现，此类复廊作为内外景色的过渡，尤为自然。爬山廊则建于地形起伏的山坡之上，不仅可联系山坡上下的建筑，而且还可以廊之自身造型的高低起伏，大大丰富园景。另外还有一种上下双层的游廊，用于楼阁间的直接交通，或称边楼，多建于楼之附近（图4-7）。

图4-6　拙政园小飞虹

图4-7 拙政园见山楼旁之双层游廊

（2）与自然气候相适应的功能设计

苏州传统园林之"廊"作为一种连接主要景观与建筑的走道，其构建不仅是为了得到一个良好的视觉效果，也不仅是一个完全用于空间划分的实体，更重要的是，其形式构建与苏州地区的自然气候条件密切相关，实乃出于实用功能的环境考量——廊较游览道路多了顶盖，可遮蔽风雨以提高园林环境的舒适度。因苏州位于多雨、湿润的江南地域，廊道即提供了一个有顶的空间，园主在廊道内走动的整个过程都不用暴晒在直射的阳光下，能在炎热的夏季与雨天在一幢幢建筑之间悠闲地走动。它不仅为整个园林的不同部位提供舒适的路径网络（遮阳、避雨），而且还通过引入凉风创造良好的微气候环境，成为空气流通的通道——得益于它在景观中的位置，又高又窄的线形建筑空间有利于空气的流动。

图4-8 广西北海老街的骑楼

　　其顶盖也必须要有足够的高度使得冬天的阳光能够照射到廊道的地面和墙壁，但也不能太高以便于遮挡夏日的阳光，廊的高度经古时匠师计算（或经历代经验累积和师傅口传）而得出，并非随意设置。廊之宽度与高度有一定关系，以便在太阳高度角较高的夏季，内部有良好的遮阳；在冬季，低角度入射的阳光可以射入廊道，带来温暖。刘敦桢在《苏州古典园林》中亦提到："廊的造型以轻巧玲珑为上，忌太高与开间过大，一般净宽为1.2～1.5m左右，柱距约3m上下，柱径约15cm，柱高2.5m左右。"[5]苏州传统园林之廊的设置与新加坡现代建筑的通道设计，以及中国南方骑楼的设计、岭南传统园林廊道设置均有些许相似之处，这是因为同样是适应自然气候之恰当的应变设计（图4-8、图4-9）。廊道亦不单是通道，同时也是一些分散开来的游乐生活空间和景观之动态观赏点。

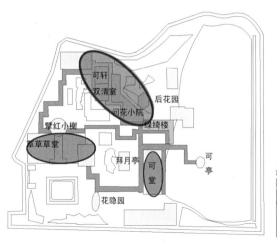

（a）岭南可园平面布局与廊道设置　　　　　　　　　（b）岭南可园空间模型（陆韡绘制）

图4-9　岭南可园

## 4.2.2　"巧制"、"就屋之端正"的墙

### （1）分隔园林与外部城市空间的墙

　　明清时期的苏州传统城市结构与面貌是独具江南水乡气息、经年发展而未曾中断、享交通之便利、繁华不衰的商业城市。但属于民间住宅体系的苏州传统园林，在其营构之初、之基址就必须要被放到苏州这样经千百年发展的城市空间中——"必须融进去"，也就是说基址环境的曲折、凹凸存在着对住宅与园林的构筑限制。既有的城市空间、周围的建筑对它的影响是客观的，无法处理的，只能按照既有的地块进行设计与布置，它是一种生长着的城市有机建筑，宅园与城市的关系是相互适应的，并对当时的苏州城市格局产生了重要影响。正如计成所说的："故凡造作，必先相地立基，然后定其间进，量其广狭，随曲合方，是在主者，能妙于得体合宜，未可拘率。假如基地偏缺，邻嵌何必欲求其齐，其屋架何必拘三、五间，为进多少？半间一厂，自然雅称，斯所谓'主人之七分也'。"[4]

　　而中国传统设计的基本原则正是"以轮廓为主体"的二维设计，即先有界限然后再做设计，由外向内；先有造型，后有功能。以轮廓作为设计的决定性因素，不管是在园林空间设计上，还是在精微的玉雕工艺制作上，皆如此，仇英的后赤壁赋图卷即展现了"墙"对空间的限定（图4-10）。计成又云："世人兴造，因基之偏侧，任而造之。何不以墙取头阔头狭就屋之端正，斯匠主之莫知也。"[4]这是由于中国构筑之传统乃"内向型"空间的营造，必然是先砌围墙，使园之四周围绕以墙垣或建筑物以与外界城市空间隔绝，然后在高高的围墙内进行一个"小天地"的

图4-10　后赤壁赋图卷（局部）　　　　　　　　图4-11　环秀山庄高耸的围墙上部的漏窗

规划。实体的、很厚重坚固的砖墙高筑虽用于园林内部与外界隔离，但在其墙的上部往往仍有镂空的洞，其构造目的非常明显，只是为了便于通气，也可透光。相对于人之正常的视线高度，这些镂空的墙洞恰恰表明了它存在的真正意义（图4-11）。

（2）内部空间分隔之墙

运用墙体来划分园之内部空间，是中国人对院落空间的需要而形成的空间形态，空间划分的意义又在于为某一特定空间镶边框。同时，也并未真正将园之大空间零散地分割为诸多小空间，而是在大空间内恰当地创造了诸多小空间。苏州传统园林的边界处往往封以高墙，园内庭院亦由墙来分割，时而一边、时而两边沿墙设廊。墙作为"园"内部空间的分隔元素，其形制、尺度的变化极多即"巧制"，由此，"园"之空间组合与变化亦很"巧妙"了。

墙能为各个空间带来一定程度的封闭性，并向心性地整顿空间秩序，因此墙的配置与造型相当重要，芦原信义在《外部空间设计》中说得很好："很好地运用高墙、矮墙、直墙、曲墙、折墙等加以布置，就可以创造出有变化的外部空间。因为限定外部空间的二要素是地面与墙壁。"[6]此设计手法在苏州传统园林中很常见，用作分隔功能的围墙，在形式上是较自由的，在平面上亦多呈曲线或者折线，跨越等高线，在立面上蜿蜒起伏，且多是江南常见的白粉墙，并饰以漏窗。白墙、绿叶、青瓦、木作、漏窗已成为苏州传统园林的边界设计的模式之一（图4-12）。同时，由于苏州传统园林之建筑密度较大，对采光有较大的影响，利用刷成白色的墙面即可反射阳光，照亮周围的环境，且现今所见之歪歪曲曲的院墙，其实匠师在构造之初时并不想这样，只是随形就势，感觉可以就行了。这种凭感觉、凭意念式的模糊哲学指导下的"大约式"设计与建造，与今天现代建筑的标准设计很不同，但又形成了苏州传统园林独特又极具艺术韵味的景观空间。

图4-12 拙政园中部之云墙分隔出的枇杷园

## 4.3 面状结构的联接

### 4.3.1 分隔空间及调节微气候之岗丘

　　"造山"有平衡场地土方的作用外,"岗丘"式的"造山"在空间构图上亦起着封闭视线和制造高潮的效果,它自然地将空间分割成多个环境,使有限的空间产生一种无限的感觉。总的来说,堆土造山问题可以看作是自然主义的"因地制宜"的"场地整理"——自然地去追求景观材料的真实美,其中也包含着节约的经济意义。苏州留园北部的堆山即有着立面构图、平面构图、全景构图之考虑,并使景观丰富性和景深大大增强,且岗丘与其周边的空间亦联结成了一体。若参见同属江南园林艺术风格系统的无锡寄畅园,其山水景观建构章法的空间类型亦无比相似(图4-13、图4-14)。

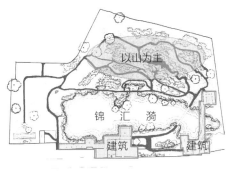

以山为主

锦　汇　漪

建筑　　　建筑

图4-13　寄畅园山水景观元素在园林空间中
的构建

寄畅园

图4-14　寄畅园山水建模（陆韡电脑建模绘制）

但若仅仅是美学意趣的欣赏，而没有舒适微气候小环境的营造，那这种园林设计的途径就不会持久，也就不会形成一种造园的风尚、一种设计模式，它必定是具有生理与心理的双重满足，缺一不可。人工山水游憩空间结构得以长期流传，并不完全是美学意念以及传统空间观念支配下的产物，更是由于这类空间形态的存在对于人之生存、游憩有着实质性的功能作用。须重点强调的是，人工改造地形可以获取宜人的安顿之所，对于创造舒适的微气候即对气流、阳光的接纳、捕捉与遮挡具有一定的作用，如在夏季，水面上方、岗丘下方中上升的气流，可以加速山谷凉爽微风的流动；在夏日的下午，园林的西面会暴晒在日光中，变得酷热难熬，所以岗丘西面常有密集、高大的植物遮挡。在冬季，岗丘又可阻挡着北面的寒风，使园之小环境的热量得以保存（图4-15、图4-16）。

图4-15　留园北部的堆山

图4-16　留园西部的高密度植物种植
与景观建筑可以遮挡夏季强烈的阳光
辐射

### 4.3.2　作为园景构图中心的水面

　　水面，从其空间形态上看，它通常是园景的构图中心或成为空间焦点，也可以将花园中的"水面"看作宅之"庭院"，两者在空间构图上具有同一性。水在景观中所蕴含的最深刻的意义体现在它对不同空间的交流和联系所起到的决定性的作用。水在不同的空间中以不同的形态出现，它们之间通过桥梁、井或者堤岸的延伸、岛屿的形式等等因素产生联系。水的联系贯通使游人获得了对园林的完整体验，同时水又有阻隔之用，就是在空间布局上不希望人进入的地方，以水面来处理，可以相当自由地促进或是阻止外部空间的人的活动，阻隔之处即中观或远观之视点，同时又能划定空间与空间的界线。当然，并不是所有的园都能有理想的水面的，尤其是中小规模的私园，退而求其次就是在园中构造池、塘、泉、溪、涧了。

　　水可以考虑为静的或是动的，水赋予了园林以生命，水面的形态尺度使它成为园林的显著特征，任何水面都足以使景色倍添情趣，至于飞瀑和流泉对环境则更会带来无限的活力。静水在园林中的装饰和功能作用也是十分重要的，静止的水面如镜面，其平面反射效果大大扩展了空间场域和空间感知效果（图4-17）。从"宜居"的设计角度来看，平静而广阔的水池能将一个炎热干

图4-17　网师园如镜的水面

燥的园林转变为宜人的微气候环境——水池可以作为调节环境气候的一种基本设施,巨大的水量可为临水的亭榭轩馆周边带来了足够的湿度。水池边缘亦栽植着高树,以保持水池清爽阴凉,主导风将水池冷却下来的空气直接吹送到亭阁中,始终创造着宜人凉爽的微气候。

## 4.4　小结

苏州传统园林很微妙、很深刻的空间设计内涵最为值得关注,亦决定了我们不能从其表面空间形态来审视它"美在何处、如何美的",形式和风格的模仿已成为了当今理论研究的特点(误区),对设计原则的探讨、技术上的科学分析却忽视了,而须强调的是中国传统设计的重要特征就是"在为舒适进行设计的时候,很少牺牲美观因素。"因此,更加重要的东西是发现隐藏在它美丽背后的东西,不仅是表面看上去的"空间很迷人"那样简单,其背后的设计意图与力量已将生活功能与充满美学想象的画面空间完美地结合起来了,也就是说探讨苏州传统园林的空间形态为何一定要这样设计,其最深层次的设计目的是为何,即它与传统文人的观念形态相一致、完全符合生活需要、与自然气候密切相关的绿色生态空间设计。苏州地域之自然气候是其空间形态的决定因素之一的这种生态的空间设计价值观,至今放眼全球还是前卫十足,虽然它是通过直觉、常识与自然的密切联系而创造出来的。

**注释:**

[1] 转引自陈从周,蒋启霆选编;赵厚均注释.园综[M].上海:同济大学出版社,2004:452.

[2] [德]海德格尔.人,诗意地安居:海德格尔语要[M].郜元宝译.上海:上海远东出版社,2004:118.

[3] 童寯.园论[M].天津:百花文艺出版社,2006:54.

[4] (明)计成著,陈植注释.园冶注释[M].北京:中国建筑工业出版社,1988:77、47、184.

[5] 刘敦桢.苏州古典园林[M].北京:中国建筑工业出版社,2005:38.

[6] [日]芦原信义.外部空间设计[M].北京:中国建筑工业出版社,1985:57.

# 第5章 "理想景观图式的空间投影"
## —— 苏州传统园林空间设计图式理论

苏州传统园林空间营造是那个特定时代之人的理想家园、精神家园，乃虚幻和现实之间的精神寄托之所与安顿身体之"容器"，是充满着"礼制"与"诗意"之空间精神而并存的园居空间形态，空间是苏州传统园林的内核与骨架。

对于本章标题"理想景观图式"的"图式"一词的理解，一般指表征特定概念、事物或事件的认知结构。图式这一概念最初是由康德提出的，在康德的认识学说中占有重要的地位，他把图式看作是"潜藏在人类心灵深处的"一种技术、一种技巧。在当代知名的瑞士心理学家皮亚杰看来，图式则是主体内部的一种动态的、可变的认知结构，他认为，图式虽然最初来自先天遗传，但一经和外界接触，在适应环境的过程中，图式就不断变化、丰富和发展起来，永远不会停留在一个水平上。此处的"理想"更多的应是指一种超越世俗生活的理想生活方式，"理想图式"则是指在外部环境的营造与内心世界的完善之间建立了唯美、和谐的对应关系。

## 5.1  空间图式的内隐

### 5.1.1  "严整"与"萧散"共举的空间形态观念

关于"严整"的空间形态观念，其空间认知结构、图式来源于儒家的"礼"，而"礼"的实质是使社会生活秩序化、社会组织高效运作的一种集体意识，最终目的是为了提升生活质量、适应特定时空下的生活条件与生活方式，如同李安宅所说："一切民风都起源于人群应付生活条件的努力。某种应付方法显得有效即被大伙所自然无意识地采用着，变成群众现象，那就是民风。等到民风得到群众的自觉，以为那是有关全体之福利的时候，它就变成民仪。直到民仪这东西再被加上具体的结构和肩架，它就变成制度"。[1] "严整"的空间原型可以参见宋聂崇义所集注的《三礼图》，他以图说的方式表达了明堂、宫寝、王城、九服等（图5-1），"至于普通居室的规画有斯蒂尔（Steel）的图（图5-2），凡《仪礼》所指各处，已都无遗。"[1] "将上堂，声必扬；户有二，言闻则入，言不闻则不入；将入户，视必下；入户奉，视瞻毋回；户开亦开，户阖亦阖。""侍坐于长者，履不上堂，解履不敢当阶。"[1]

关于"萧散"景观空间的理想图式，更多的是关于对待自然空间、自然元素的态度与认知，其样板、典范可以参考白居易为其匡庐草堂而作的《草堂记》中所描绘的图景："前有平地，轮广十丈；中有平台，半平地；台南有方池，倍平台。环池多山竹、野卉，池中生白莲、白鱼。又南抵石涧，夹涧有古松、老杉……松下多灌丛、萝茑，叶蔓骈织，承翳日月，光不到地。"[2]清代苏州文人沈三白在《浮生六记》中也对如何营造"萧散"式景观形态有所描述："或掘地堆土成山，间以块石，杂以花草，篱用梅编，墙以藤引，则无山而成山矣。大中见小者：散漫处植易

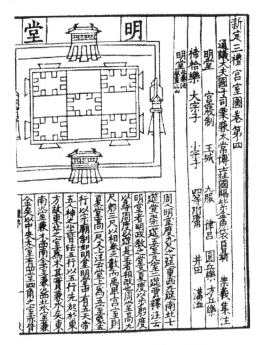

图5-1 图说明堂、宫寝、王城、九服等

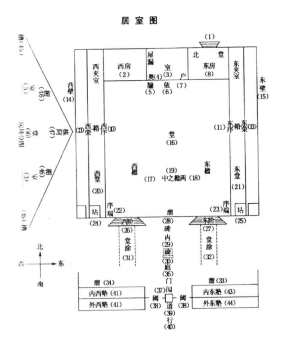

图5-2 居室图

长之竹，编易茂之梅以屏之。小中见大者：窄院之墙宜凹凸其形，饰以绿色，引以藤蔓，嵌大石，凿字作碑记形。推窗如临石壁，便觉峻峭无穷。"[3]著名建筑学家童寯在《江南园林志》中论及1937年"坠瓦颓垣、榛菁败叶"的苏州拙政园时也提及"萧散"乃苏州古典园林的内在灵魂："惟谈园林之苍古者，咸推拙政。今虽狐鼠穿屋，藓苔蔽路，而山池天然，丹青淡剥，反觉逸趣横生。……爱拙政园者，遂宁保其半老风姿，不期其重修翻造。"[4]

中国传统的空间观念形态与审美精神深刻地影响了我们独特的风景欣赏品位、空间设计方法和设计思想的形成。中国人亦用中国的眼光创造了中国的感官性文化环境，这就是对待空间环境设计中文化元素的态度。此处的"严整"与"萧散"共举的空间形态观念实际上是指昔日的文人雅士对其理想人居环境在其心目中的典范即理想景观之图式，它是一种心智图式、一种认知思维结构、一种设计语汇。

## 5.1.2 "壶中天地"的空间构造范式

白居易在《草堂记》中论及"辄覆篑土为台，聚拳石为山，环斗水为池"时，可以窥见其"壶中天地"空间观念的若隐若现。而"壶中天地"既是中国传统园林在中唐以后的基本空间原则，即"今人常常藉之以想象古时风貌的明清园林，其实多半不过是中唐至两宋作品的遗绪"[5]，又可追溯其为苏州传统园林营造的理想模式、理想图式与写仿的范本。从古代到现代，国人之理想环境的经营均受先代的文学空间意象的控制，并从唐以后开始产生了一个对应于"文字空间"之感性的景观空间的组织方式。于是，中国传统园林（包括苏州传统园林）对其空间的本质是"容器"的阐述一般都归结到具道禅意味的容器了，它是安顿、收容园主身体和心志的载体，以其作为园景和园名的例子比比皆是，如"一壶天地"、"壶天自春"、"小方壶"、"壶隐"、"隐瓶"、"瓶隐"、"天瓢"、"勺水卷石"、"小盘洲"、"残粒园"、"芥子纳须弥"等等。颐和园之洗秋有楹联"丹青云日玉壶中，宫徵山川金镜里"，明代陈白沙有诗云："道眼大小同，乾坤一螺寄"，苏州本地亦有俚语"螺蛳壳里做道场"。王毅在《园林与中国文化》中就极其鲜明地指出了从中唐开始，由"以大为美"为主体的审美风尚逐渐让位于"以小为美"，至宋元到明清这一连续从未中断。王毅以钱起为盛、中唐转折处的典型，并引钱起《尺多赋》对园林中尺波勺水的玩赏之文为说明，"潋滟骇水，翕沦始波。引分寸之余，方从一勺，激寻常之内，无爽盈科。势将垒涌，迹异盘涡。蹙跬步以无数，荡分阴而自多。……谓小为贵也，爰进涓流。浅漾风光，轻蟠水力。寸长所及，知文在其中；方折是回，见动不过则。"[5]

## 5.1.3  "隐逸"式的空间建构

"隐逸"是人内心图式的一种形式，是人们对理想环境、理想生活方式在其内心投影的图景，即追求一种田园牧歌、悠然采菊式的文人生活方式和生活环境。在明清时期对"隐逸"生活方式的追求已成为整个社会崇尚风雅的流行风尚，反映到生活空间的营构上亦如此。苏州传统园林的空间形态在本质上来说是一种"内向型"的空间建构，"隐逸"之图式是其独有的空间精神，它把人居空间环境作为内部秩序而结构化了，并形成了一个稳定的空间营造图式体系，伊佩霞在《剑桥插图中国史》中就提到："1570年，苏州的'四大家'就邀请了当地文人去欣赏他们收藏的古代彝鼎和其他古董。像这样的苏州富家，经常居住在围墙环绕的、典雅的园林式住宅中。与欧洲同类的城乡寓所极为不同，这些城市的隐居之地，不是为了从外观上引人注目。只有那些进入高墙之内的人才能发现，他们的主人是如何在这个小庭院中创造其理想世界的。沿着蜿蜒曲折的回廊，透过可以向外看的彩色窗户，人们可以瞥见一个更深远的世界。在这些由组合建筑构成的小园林里，可以发现竹林、李树和联想为山脉的岩石。……像沈周、文徵明和董其昌这样的大文人画家，是一些精通经典、诗作和前代诗人及书法家风格的人，他们也试图在他们所画的风景、园林、树木、岩石或其他景色中渗透某种意境。"[6]

苏州传统园林是把古代文人的"隐逸"意识创造性地再现为可居性文化环境，其景观空间却充满着诗意的诱惑与欲望之美感，因为人的欲望是多种多样的，所以建筑空间也是多种多样的，后者是为了满足前者。古人的居住理想中包括了"后花园"，在那里不需要均衡、对称、礼典与规条，而表现出了任何文化所没有的任性的特质。亦如"独钓寒江雪"、"平湖泛舟"乃古人所憧憬的隐逸山林的生活方式（图5-3），但由于苏州传统园林之水面范围有限，皆不能荡桨泛舟，于是创造了一种船形建筑傍水而立，这就是园林中所见的舫——"表征隐逸之器"，亦称"不系舟"。典型的例子为拙政园的香洲和怡园的画舫斋，比例造型皆好，装修亦十分精美（图5-4）。从舫之前半部分之朝东、南、北之间的空间皆颇为开敞，在夏季之立于水边的舫即提供了一个良好的纳凉、通风的好去处，且其后部的二层楼亦为夏季午后、傍晚强烈的西晒提供了良好的遮挡，这也是为何在舫的后部用楼之形式的原因所在了，舫之周边的植物亦使其成为园林中不可或缺的一景观建筑。狮子林的石舫与"舟"的形态亦十分相似（图5-5）。

图5-3 溪山渔隐图卷 （局部），唐寅

图5-4 香洲

图5-5 石舫

## 5.2 空间图式的外显

### 5.2.1 "有限之无限"的空间设计原则

苏州传统园林之"园"，可以说其为一个被表征、被赋予空间意义以容纳园主现世之"灵"与"肉"的、具文化特性的载体与容器，就是上文所提过的"芥子纳须弥"、"壶中天地"。既然是"容器"，就必有老子所云的"埏埴以为器，当其无，有器之用。"埏埴就是容器的"壁"，也就是容器从自然空间中分隔一个小空间的边界。"边界"在苏州传统园林中，亦可指围墙、建筑、植物等实体，而边界所围隔的空间范围是有限的，"边界"的存在即空间之有限的局限，苏州传统园林的空间设计皆从边界围合的内部空间产生，是内向时空经验的构造。

古人造园欲把无限的自然风光景致收罗于这一容器中，即张岱所云的"千倾一湖光，缩为杯子大"，造园的有限空间与自然的无限空间之空间矛盾也就不可避免了。至明清时期的苏州私家园林随着城市用地紧张更导致其营造空间日小，"有限与无限"的矛盾也就日益尖锐。如何创造性地解决空间问题与矛盾，并在多样性中寻求简洁性，经济地运用空间、材料、时间和金钱，古时造园匠师有着独到的设计法式——"让边界消于无形"，即高度重视对园之"边界"、"尽端空间"的经营，即将景观元素尽量沿边布置，可使空间集中的部分更集中，疏朗的部分更感觉空间之宽敞。在有限中追求无限，总给人无限感觉的空间设计手法，如漏窗的设置、墙旁设廊等往往会给人没有边界的感觉。对空间边缘的高度关注，对景观细部的一丝不苟，在于因为他们深知"产生差异，引起好奇心，隐藏边界"可以在有限的空间中获得最大空间感知的可能性。人们在一个有限的空间框架中感知的丰富程度，来自于对其体验的多少而非其实际大小。

"有限的空间内容，无限的空间感知"的最终落脚点是人的视觉画面的捕捉进而传达到人的心理知觉，关于这一点，"园"由于取法"画意"，而"画"之空间布局原则即中国式的散点透视（高远、平远、深远），也就决定了"园"之分散焦点的空间结构提供了一种特殊的自由，让人们以自己的方式组织画面以满足自己的兴趣与偏好。我们已知一个焦点就是一个设计空间的框架，因此，无限的画面组织可能，提供了无限的画面之空间感知。总之，"有限之无限"的空间设计机理关键在于对"空"的掌握，将景观元素分散地布置在恰当位置上、以恰当的方式满足功能上的需要。同时，强调对角的布置，其对于建立空间的焦点、产生良好的视野和私密性都是十分有利的，这是空间流线汇合的重要位置点，能够在对角线方向产生最远距离，为地段的中部提供更多的空间以满足复杂的人类行为要求。

## 5.2.2 "棒"式"宅"之流线

在该区域的平面组织系统上，规模较小的建筑群是以"一院一组"为基本单元的，多组的建筑群的院一般是首先向纵深方面发展，院与院间作行列式的排列，一直行一连串的院则称为"路"。典型的巨大建筑群则以"中路"为主，左右再发展为"东路"与"西路"，更大的"群"可能构成更多的"路"。在"路"中，院与院间有纵的联系，也有横的联系，成为一个交叉的交通路线网。建筑群的"路"和我们今日所指的道路在形式上很不相同，但在意义上也有相同的地方，它也是一种交通路线的组织系统，如拙政园的住宅部分等。

在建筑群的"路"与"路"间也会形成有分离的"巷"。"巷"是辅助性和服务性的交通路线，在组织严密的建筑群中另成一个系统。在该区域建筑空间中，主要交通路线和服务性交通路线相分离。主轴上的大厅堂不见得开后门，从前面进去以后，并不能从房子的后面出去，这条线并不是动线。若无贵客来访或婚丧喜庆，中轴线上各进的库门是很少开启的，日常生活的通道就是"左通"、"右达"之外的备弄。备弄是房屋之间的夹弄，实际上就是住宅内各进之间的通道，有直的、折的、曲的，明明暗暗、宽宽窄窄，连通了大院不同的空间，方便了主人们生活起居。备弄还有隔离男女居室、主仆卧房的功能。仆人该走哪条弄，不该走哪条弄，都有宅规。亲朋好友来访，也视其身份高低、关系亲疏，选择不同备弄引入接待。备弄里还有各种壁灯洞，夜间燃灯照明，备弄折角的小天井里，还有竹石小品点缀，炎热夏天，凉风穿弄而过，成为消暑的好去处。

## 5.2.3 "斜入歪及"式"园"之流线

苏州传统园林之"园"的设计也并非是真的"自由式"景观设计，实质上恰恰相反，它的设计方法是非常理性的。其游路，看似布置得随意、漫不经心，其实是经过精心设计和组织的。尽管没有固定的模式供设计者遵循，但曲折的路线组织手法——"曲径通幽"应当被视为设计的基本原则[7]。游园是一种缓慢的节奏、悠闲的运动，并不要求道路具有最大的工作效率。庑廊之所以成折线，桥之所以为"九曲"，除了封闭景色和扩大空间的感觉之外，其作用都是为了延缓人行动的步调，故意以折线或曲线延长距离，使人在交通过程中有更多的时间，转换更多的视点，慢慢观赏领略园中的幽趣，从而给人带来"循环往复"的、环状的、"无限长的景观之路"之视觉印象。

环环相套、往复无尽的环形流线实际上也是一种空间序列，让人似乎又总是在永远没有终点与起点的圆环上做无休止地运动。流线的方向性、指示性亦暗示了人从不同方向进入园林空间，感受到的不同尺度与样式的空间实体在连续排列和组合的形式上是不同的，游览同一个空间实体在时间序列上也是不同，进而会得出各异的视觉印象和心理感知，"有限之无限"的空间感受因此得以确立。不变的空间大小，但步行时间被拉长，可以用一个公式来说明：时间密度＝空间密度[8]（图5-6~图5-8）。古代造园师或许已经考虑到"人是以步行方式的速度来阅读建筑与空间"的，因此精心设计一条行进路线，通过连续、变化地展示建筑物的各个主体空间，建立一个清晰的功能体系，使被控制下的展示空间创造令人激动的效果，亦创造了一种随观看角度的转移而畅通无阻的流线。

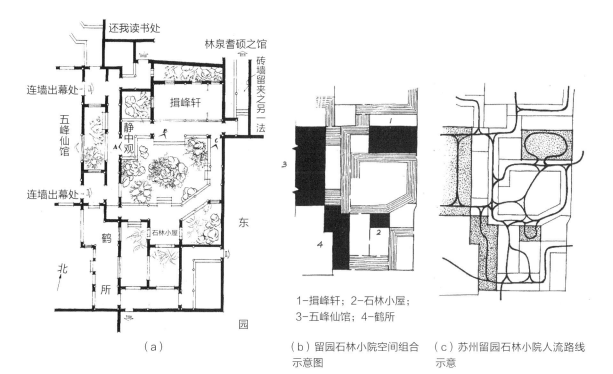

（a）

（b）留园石林小院空间组合
示意图

（c）苏州留园石林小院人流路线
示意

1-揖峰轩；2-石林小屋；
3-五峰仙馆；4-鹤所

图5-6　留园石林小院"斜入歪及"式"环形"流线组合可以说明：时间密度＝空间密度

图5-7　拙政园园林建筑元素及路径的电脑建模示意（陆韡绘制）

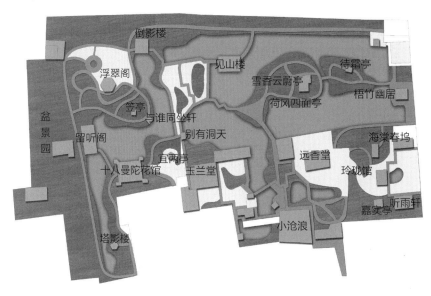

图5-8　拙政园中西部流线分析（陆韡绘制）

## 5.3　空间图式的"解构"

"解构"对应于"建构"，解构建筑的目的是要对建筑的本质重新定义。也就是说，为什么我们一定要一成不变地遵从那套固有的建筑话语体系？为什么我们不能重新制定一套新的建筑游戏规则？因此，在研究苏州传统园林的过程中，我们也可逃离那老一套的、似乎已成为正统的研究套路，用"解构"式视角来品味这一可堪经典的人居空间形态。

### 5.3.1　秩序井然、条理分明的"宅"之空间结构

中国园林中众多建筑物深受儒家思想的影响，而儒家思想强调了入世的重要性，作为社会存在的一分子，人应当融入家庭和社会，在社会结构和礼教秩序中找到适当的位置。因此，古代园林的设计必定反映了对社会意义、等级秩序和礼法观念的理解。使用这些园林的士大夫及其家庭对空间的秩序有着很高的要求，即使在园林中他们也不能放弃对社会情感的依赖，这种社会情感导致了园林就此意义上来说是建筑设计而不是景观设计，在中国任何一处园林中都可以看到这一点。作为古典文化遗产一部分的苏州传统园林，其空间设计亦具有强烈的建筑倾向之塑造，同时

儒家思想对其园林设计最根本的影响在于提倡营造一个"世俗的气氛"。郑力先生也说："中国古典园林受着中国古代社会形态的基本特点和历史进程的严格制约，它的体系功用、格局，直到其中任何极其细微的美学趣味、工艺手段等，它们的每一步演变，都无不可以在思想、社会的整个领域的发展和命运中看到必然的原因。"[9]

譬如园林中的"门屋"即指外墙的门、总入口，它已完全独立起来另成为一种建筑元素了。在其正对面的"照壁"，又称为"外影壁"，在过去系按官阶而定，有一字形的，八字形的、门字形的（其等级由高到低）。更有隔河的，必官至一品方能建造，如纽家巷潘宅、苏门彭宅的照壁（潘世恩、彭启丰皆于清代官至大学士）它起宅前屏障与对景作用，复饰有"鸿喜"之类吉祥字，至于门屋与照壁之间的空间，则是作为车轿的回转道。"门屋"在重大的建筑物中显得很重要，体现着主人的社会地位与身份，其儒家礼制性的等级规限也比较严格。不同等级住宅的门屋，亦有着不同的平面形制，三开间为最低等级，达到一定的规模，大门也可以有五开间，它担负着一切"对外"的任务，除了"礼仪"仪式上的布置和陈列的功能之外，也包括了传达、看守、收发和"车马"停留的所在、一切服务人员的休息室等。一般的民居，其门屋即在檐柱间安门，等级最低。而网师园的

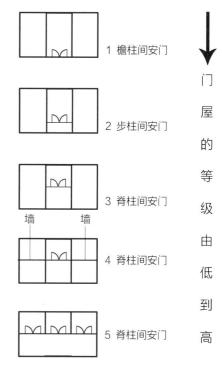

图5-9 门屋等级示意图

1 檐柱间安门

2 步柱间安门

3 脊柱间安门

墙　　墙

4 脊柱间安门

5 脊柱间安门

门屋的等级由低到高

门屋则在其脊柱间安门；原拙政园之住宅部分、今苏州博物馆的门屋即属于第四种类型，构造等级很高；第五种类型的门屋等级最高，如苏州文庙的门屋构造（图5-9）。

亦由于我国家族特别重视"尊卑、长幼"之伦理秩序，并把该秩序具体地用空间表达出来，即为空间订立"名分"。且我国古代之大家庭，妻妾、子女众多，建筑与位分之关系就清楚地表明了各人在家族中之地位。这种以伦理名分决定的秩序，使中国传统建筑成为维护礼法的工具，至明清时期其建筑组织的秩序总体上来说要求愈为严格。苏州传统园林之住宅建筑同样讲究主从分明，把空间秩序与人的伦理秩序相对应——按身份分配居住空间，有前后之分，左右之别，秩序井然。主房位于院落的中央部分，特别高大或富丽，次要的建筑分列于两旁。主房的后面则另成院落，为主人长辈的居室，房屋虽然高大（如楼屋），其外观却不突出，表示辈分虽高，却非一家之主的意思。在非常大的邸宅中，常有甚多之院落连结而成，然而自每一院落单元的位置与

图5-10　网师园轿厅

图5-11　原拙政园之住宅部分的轿厅

规模，即可看出主屋之所在，推断家庭之成员应该居住之位置。如园林中的轿厅又称茶厅，意即为轿夫休息饮茶之处。轿厅是主人为宾客的拜访所准备的空间场所，宾客在此可以拍拍尘土、整理衣帽，轿子也可以暂时放在这里，是一个可供暂时停留、驻足的场所，其功能性特别强。轿厅一般为三开间，几乎是完全开敞的，前后皆敞口无门窗，即往往没有户牖、墙等空间围合物，只由柱网结构支撑的屋顶所形成的"棚子"式的空间为主。轿厅与门首间也常用一个廊连接起来，但网师园的轿厅已经改造过了，已非原来的面貌了（图5-10），亦可参见原拙政园之住宅部分的轿厅构造（图5-11）。

而且明清时期的苏州传统园林之住宅部分的建筑有一个重要特点就是没有复杂的个体建筑，几乎全是简单的长方形的匣子，其单体建筑皆成组配置，且都坐北朝南，左右廊道或厢房围护，有数进、重复合院的组合[10]。这是因为该时空坐标点上的中国建筑是组合体的解开、打散，已把它还原为一个个单元体，每个单元体都有其明确的功能与用途，条理非常分明——照壁、门屋、轿厅、大厅、厢房、女厅等，各有其特定的功能特性，其整体空间特征严整规范，遵照长幼之分、内外之别安排建筑布局和内部陈设，处处体现着儒家礼制。如网师园的大门正对面照壁高耸，大门前抱鼓石、门簪、高槛俱在。入门进轿厅，轿厅后为大厅、女厅（上房）皆在同一南北中轴线上。

所谓的"南北中轴线"并不是一条可见的"线"，此处的"中轴线"只是一个观念的架构，就是一条抽象的线，但它的确客观存在于空间与人的感知中。若形象化地比喻"南北中轴线"可以将其看作为一个冰糖葫芦的"棒棒"（图5-41），它将所有"长方形"的建筑给串了起来，建筑物在这个"棒棒"上两边对称。而该区域的建筑亦是有前后之别的，是有方向的，是以坐北朝南为原则的。"背北向南"的方位选择契合了自然气候的生态构筑观念，即冬日摄取阳光与热量，夏天获取凉爽的季候风，也符合中国传统的"方正为上"的空间观念。可见，古人在定这条线的位置时是很慎重的，并把各种空间关系都依附在这一条线上——照壁、门屋、轿厅、大厅、女厅，两侧安排花厅、书房、小花园等。同时，住宅区域的建筑空间是一般以三间房间为基本单元（五间、七间都是以此为扩展的）的，而"南北中轴线"实际上所处的位置是在所有"南北向"建筑正中间的那一个房间，但此空间是没有实际功用的。在这个轴上空间，已变为沿着这个轴线可供穿过的一条人流通道，即穿越"门"、"堂"而过的交通路线。若"南北向"的中轴线越长，则表示"串"在该线上的建筑与院落也越多，并一再重叠，亦说明其空间等级也越高，肃穆、庄严的气氛也愈浓厚，"侯门深似海"即为此意。同时，大型园林的该区域空间往往有二、三条近似平行的南北中轴线，如拙政园之住宅部分。

明末清初时的讥讽小说《明珠缘》在第十二回"傅如玉义激劝夫　魏进忠他乡遇妹"所描绘的发生在"宅"内的日常生活场景即表达了园林中"宅"的功能特质：

"到州前转弯，往西去不远，只见两边玉石雕花牌楼，一边写的是'两京会计'，一边是'一代铨衡'。中间三间，朝南一座虎座门楼，两边八字高墙，门前人烟凑集。……走到州前，买了两个大红手本，央个代书写了。来到门首，向门公拱拱手道：'爷，借重回声，我原是吏科里长班魏进忠，当日服事过老爷的。今有要事来见，烦爷回一声。'那管门的将手本往地一丢道：'不得闲哩！'……进忠跟他进来，见二门楼上横着个金字匾，写着'世掌丝纶'。进去，又过了仪门，才到大厅，那人进东边耳门里去了。进忠站在厅前伺候，看不尽朱帘映日，画栋连云。正中间挂一幅倪云林的山水，两边围屏对联，是名人诗画。正在观看，忽听得里面传点，家人纷纷排立厅前伺候。少刻，屏风后走出王都堂来。进忠抢行一步，至檐前叩了头，站在旁边。……不一会儿，捧出酒饭摆在厅旁西厢房内，叫了个青年家人来陪他饮了一会。"[11]

该段文字描述的空间形态虽是一个特例，是一组等级很高、气势恢弘，礼制建筑的组合。虽不具备普遍意义上的"宅"之空间模式，但仍具参考价值。从中可发现：均在其恰当位置的玉石雕花牌楼、虎座门楼、八字高墙等礼仪性质的空间物质形态通过"累加"式的布置与其"表皮"华丽的装饰共同产生了特殊的文化景观与氛围，显现了豪宦之家的尊贵、富有，足以体现其显赫的社会地位，它们具有强烈的空间可识别性与标志功能。同时，该类型的居所空间又创造了一种内外有别、宾主有序的活动场景，一种有利于人们按照他们日常生活中的身份来行事的场景。场景引导的"一套社交的规范"[12]，指引着行为者在空间中能较好地完成"适当行为"。空间实际上也就成了人自身行为举止的外在延伸。人类社会存在着不断重复的某种"行为模式"。"空间模式"与"行为模式"相对应，在特定的空间中产生特定的行为模式。

## 5.3.2 取法"画意"的"园"之空间布局

苏州传统园林之"宅"的组构深受儒家礼制的强烈影响，而"意趣活泼、野致横生"的"园"之营造与"宅"却截然不同，其空间塑造理念深受"回归自然、道法自然"之道家思想的熏陶。且"一粒粟中藏世界，半升铛里煮山川"[13]又确定了苏州传统园林之"园"是充满禅意的容器之本质，"园"之有限空间得以确立。此时，由于"园"乃独立的、自成一体、纯然另成了一种自我性格的"小天地"，与"宅"有着对立的性格和不同的设计原则，进而形成了两种不同的人工环境、两种不同意境的世界，所以很少将"宅"与"园"混同起来，而是将二者分立、各成一体，即使"屋中有园"或者"园中有屋"，它们多半都是分离开来的两个部分。

"宅园分立"成为了一种人诗意地栖居场所之构造模式，"宅"与"园"之间的各自独立以保存各自的性格和意境。同时，"园"式营造亦作为一个独立的建筑营造体系而存在，即按照"园"式的空间布局形态进行构建，其中的建筑设计手法、空间格局、空间结构，采用了更自然、更自由、更活泼的形制，有效地挣脱了儒家礼制的束缚，"释、道"的空间观念形态在此获得了自由发挥。"园"之空间可以看作为"从自然限定自然"的空间，但这"自然"的定义并不是乡野、荒野的自然，而是以自然为幌子表达了心灵不受约束的状态。因此，在研究传统思想对此区域空间设计的影响之时，我们必须明确它们所追求的生活品位、遵循的秩序和在这种秩序之下对自然美的认识程度。

"画"与"园"具艺术同构性，中国传统文人，往往身兼画家与造园家之二重身份，诸如"重峦叠嶂、悬瀑流溪、曲径飞桥、疏林幽寺、深柳茅屋、琴书几榻"[14]这些既是他们在二维画面空间中所通用的视觉表达元素，又是他们内心图景外化所营构的三维景观空间的物质实体。因此，在艺术表达之对象上，"画"与"园"具有同一性。一幅卷轴山水画与一个文人园其实皆为一种艺术媒介、一个经过艺术提炼的自然风景意象、一个理想生活图景之载体，同时，在"画"与"园"中所共用的空间布局法则——"经营位置"又使得二者均成为一个被"设计"的世界，即让每一视觉表达元素与每一景观元素都在其各自空间中处于正确、恰当的位置，呈现出均衡、平静、自由、放松然而理性的整体气氛。

景观形式之间的合理关系、风景结构的稳定、垂直与水平伸展的画面构成，使得两者之整体空间结构清晰明确。因此，两者皆具强烈的"设计意味"，但这种"设计"又是一种"意念性设计"，即视觉表达元素与景观元素均没有精确的空间定位，所谓的"位置"在某种程度上只是一种大约式的空间布局，一种"模糊哲学"式的设计，亦可将苏州传统园林逻辑地看作一组基本的造型元素在一个空间框架内的拼贴，画亦是经过理性"设计"后的视觉元素的拼贴与自然意象的

图5-12　拙政园三十一景之小飞虹　　图5-13　仇英之界画《棋卜》局部　　图5-14　仇英的《溪山楼阁图》

空间重构。同时，苏州浓郁的文人气息又赋予画家强烈的地方意识，使得苏州吴门画派的山水画独具其个性，它们又影响到了苏州传统园林的营构，甚至可以说它们已融会成一体，如文徵明的《拙政园三十一景》、画家查士标的《狮子林册》图景以及仇英的诸多园林界等等（图5-12~图5-14）。

计成也在《园冶》的自序中详细阐述了其构园之取法"画意"之道：

"不佞少以绘名，性好搜奇，最喜关仝、荆浩笔意，每宗之。……遂偶为成壁，睹观者俱称'俨然佳山也。'……适晋陵方伯吴又予公闻而招之。公得基于城东，乃元朝温相故园，仅十五亩。公示予曰：'斯十亩为宅，余五亩可效司马温公「独乐」制。'予观其基形最高，而穷其源最深。乔木参天，虬枝佛地。予曰：'此制不第宜掇石而高，且宜搜土而下，令乔木参差山腰，蟠根嵌石，宛若画意；依水而上，构亭台错落池面，篆壑飞廊，想出意外。'落成，公喜曰：'从进而出，计步仅四里，自得谓江南之胜，惟吾独收矣。'别有小筑，片山斗室。予胸中所蕴奇，亦觉发抒略尽，益复自喜。……姑孰曹元甫先生游于兹，主人偕余盘桓信宿，先生称赞不已，以为荆、关之绘也，何能成于笔底？"[15]

此园实乃对"追求梦境、信赖幻觉"情境之生活休闲空间的完美构筑，只有完美的判断力加上高尚的审美情趣才能做到这样精慎的选择配置以及恰当的空间处理。上述情景描述之起伏的地形、石块、流水、曲径、假山、亭舍等景观元素的拼贴与空间组合方式俨然已成为取法"画意"之空间布局原则来模塑园林的范本，其形式自由活泼又不失空间结构之严密。

（1）山与水

苏州传统园林的"山与水"之造型实乃"意象造型"，这与中国传统绘画所主张的"意象造型"是一致的，即强调表现物象在"似"与"不似"之间、强调"不似"中的真实，并主张人内心对物的情感表达、人对自然的一种心理反映。因此，可以说苏州传统园林"山水空间"就是按文人山水画之意象进行的一种意象造型。中国山水画的发展顶峰——元代的文人山水画，其"意象"造型均与中国特有的散点透视相联系，元代的倪云林等山水画大家亦备受明清时期文人画家的推崇，他们的空间构图法则、绘画素材与表现技法为其后人所揣摩、影响深远，也就可以将其"萧散、疏朗、清雅"之"意象造型"推论到明清苏州园林之山水空间的营造上（图5-15、图5-16）。

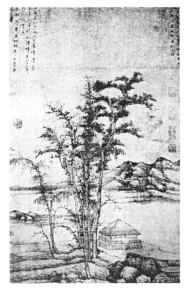

图5-15　松林亭子图（倪云林）　　图5-16　拙政园中部山水景观空间

然而，苏州传统园林的"山水"并不是纯然出于艺术意志的强求，实在是十分顺乎自然而来之物，即在一较平坦之基址条件下进行的动用平地上的土方之设计，其微妙的地方就在于这些山是按照人的意志去构成它们的形状而已，且"开土堆山"有利于场地土方的平衡和运输距离的缩短，土方平衡原理得以运用，即挖方量＝堆方量，这也是形成苏州传统园林常见的"有水必有山"、"有山必有水"景观空间形态的原因之一。亦由于苏州位于江南平原地区，河港纵横，地下水位较高，便于开池引水，另一方面，由于苏州一带雨量充沛，就要强调场地排水的问题，同时，池水又为园内的植栽和为木结构建筑防火提供了水源。夏季时又可降低园内小环境的温度，增加空气湿度。水成为传统造园惯用的一种素材，计成对此处理颇有心得，如在《园冶》相地篇中所提出的："如方如圆，似扁似曲。如长弯而环壁，似扁阔以铺云。……卜筑贵从水面，立基先究源头。疏源之去由，察水之来历。"[15]可见，水之布置与对基址的考察密切相关，尤其是基址的空间形态如何。而对水之多样空间形态的"收放"处理亦是基于"景观是需要控制的，没有控制的景观是没有意义的"设计原则，宋画家郭熙也在《林泉高致》中说到："水，活物也，其形欲深静，欲柔滑，欲汪洋，欲迴环，欲肥腻，欲喷薄……"。苏州传统园林之人工水面的空间形态，亦不外乎"纳千倾汪洋"与"得潆带之水"两种最基本的原型，且多以狭长形为主，因为这种形态的水池从纵长方向来看，不但风景有层次，在池水交汇的水口和转折之处，以桥作为近景或中景，更可使园景显得深邃（图5-17）。

苏州传统园林中因有些园之空间实在有限，不宜采取"开土堆山"式大中型山水空间的构筑，就以叠石象征山，或者替代计划造山的位置，同样可以产生分隔空间以及封闭视线的作用。"入画式"也可谓园林叠山之要理，为假山者"以其意叠石"，唯画家始能掌握其尺度气势，黄宗羲论叠山名家张南垣道："学画……久而悟曰：画之皱涩向背，独不可通之为叠石乎，画之起伏

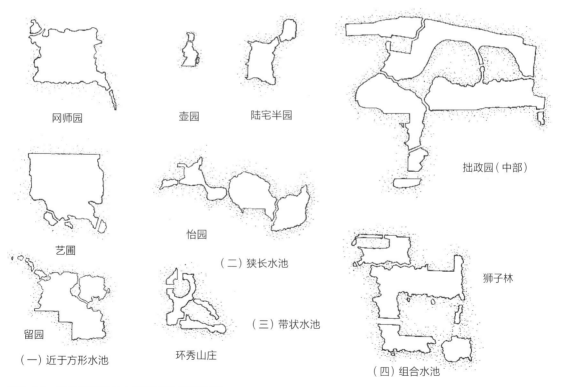

网师园

壶园

陆宅半园

拙政园（中部）

艺圃

怡园

（二）狭长水池

狮子林

留园

（一）近于方形水池

环秀山庄

（三）带状水池

（四）组合水池

图5-17　苏州传统园林水面形态的多样处理

波折，独不通之为堆土乎。"[14]而对石之选择标准，清代李渔在《闲情偶寄》中曰："言山石之美者，俱在透、漏、瘦三字；此通于彼。若有路可行，所谓透也；石上有眼，四面玲珑，所谓漏也；壁立当空，孤峙无倚，所谓瘦也。"[16]苏州传统园林的突出特点之一，即石构假山、水体较之于他处，在整体空间中所占比例要大。湖石亦可为苏州传统园林的第一标志物，明末文震亨《长物志》称"吴中所尚假山，皆用此石。"[17]在苏州传统园林中之现存石假山，大规模者如狮子林，小而精者如环秀山庄，均具"山林怪石、流溪断涧、野穴苍岩"之空间意象。假山不仅是吸引穴居者和诗人的自然因素，而且在中国园林设计中不可或缺，它常使植物、水与建筑群巧妙结合，作为自然与人类创造的中介。

（2）花与木

苏州传统园林的植栽空间设计"遵画意、循章法"。"遵画意"是指按画理取裁植物的意匠，即从画理的"形似"中来，也就是通常说的"写意"手法。所谓"形似"，对植物景观来说就是数量不在多，树姿要适宜，栽植位置要符合画面需要，力求"气韵生动"。可以从两个方面论述它：一、"宅"与"园"之庭院空间的植栽设计；二、"园"之人工山水空间的植栽设计。两者之植栽空间设计所循章法均一致，即审慎地选用树木与安排其合适的空间位置，与在绘画中一样，注重景深原理的运用，注重植物景观之近景、中景、远景之空间层次的变化，构建出富有诗境与画意的空间。但由于"庭院"与"人工山水"的空间尺度的不同，植栽设计所遵"画意"也不相同。

"一角画韵"是"宅"与"园"之院落植栽设计所依照的法式：树取一枝、石取一角、溪出一湾，简率中透露出清旷之韵；景少而意多，物小而韵长；从一角而至广袤，由有限而至于无限。宋马远、夏圭的"大胆剪裁，突破全景程式而画边角之景"[18]的画面构图章法对苏州传统园林院落的植栽空间设计应有一定的影响；宋苏轼、元倪云林等大家对画面中植物、山石形态的选择、配置方式对明清苏州造园之植栽空间的处理亦有着不可忽视的影响（图5-18、图5-19）。苏州传统园林之庭院往往以围合庭院的粉壁为"纸"，依"画意"而选择姿态优美的植物与山石小品等共同构成"跃然纸上"之物（图5-20）。

在有限的"园"之人工山水空间中，欲"芥子纳须弥"式地达到"万景天全"的理想图式（图5-21），须知花木在园林景色中是主要的角色，而最高的布置手法就是令它们能够以天然的意态、翳然的效果、扶疏的情趣表现出来。现举数例，以资说明"画意"乃苏州传统园林植栽之法。

"两株一丛的要一俯一仰；三株一丛的要分主宾，四株一丛的则株距要有异。"[19]如拙政园东部岛山上丛林、留园西部的枫林等都与画理十分相符，株距无一相等，在不等中有共性，即大树者距离宽、反之则小，中间较稀、周缘较密。因树冠大小、高低不同，所以俯仰之状也处处可见，主客之势亦一目了然（图5-22）。

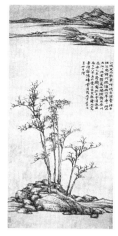

图5-18 渔庄秋霁图　图5-19 踏歌图（马远）　图5-20 狮子林庭院小景
（倪云林）

图5-21 文徵明沧溪图

　　"植树不宜峰尖"、"远树无根"。[19]这也是布置山林景观必须遵循的。峰尖不栽树，一是突出峰峦丘壑之胜，使山景雄奇；二是峰尖植树有悖常情，对假山来说增加了其工程的复杂性，降低了山体的安全性。如耦园、狮子林之假山均凸在前景，显现了石骨嶙峋之壮健气势，而其植栽位置往往放于山腰石隙之中，或参差蟠根镶嵌在石缝之中，若生在山麓，必有大石屏蔽其根，十分自然地与山林中自生的一般（图5-23）。

图5-22　拙政园东部岛山丛林

图5-23　狮子林植物嵌于山腰石隙中

"山无独木"、"古树数株而已"、"乔木耸直蟠曲者一株二株"[19]如狮子林指柏轩前的古柏，网师园看松读画轩前的白皮松，留园中部的香樟、银杏，均是数株而已，为园景增添了几许古意（图5-24）。

同时，人文气质影响下的苏州传统园林充满着乡野之意趣，对原生态的乡土植物持以尊重的态度，对野草之美、朴素之美亦相当热爱，可以将其植栽设计论为"注重自然之美的生态设计"，如拙政园、留园、艺圃之布满野生树木的山坡，可知苏州传统园林的营建是和自然相融的环境设计，亦多保留基地内的成年树木使其参与造景，计成在《园冶》"相地"篇中即郑重提出："多年树木，碍筑檐垣，让一步可以立根，斫数桠不妨封顶。斯谓雕栋飞楹构易，荫槐挺玉成难。相地合宜，构园得体。"[15]

图5-24　网师园看松读画轩前的白皮松

## 5.4 空间图式的"虚构"

苏州传统园林的空间布局、空间意念深受"如画性传统"的影响，造园不过是模糊式地"设计"一幅立体的国画山水图卷而已，乃取法于中国传统山水画的"画意"，亦即山水画乃文人园林的理想粉本。"意"即"意在笔先"，也就是今日所说的"物质未到，思想或想象力先行"。郭熙、郭思在《林泉高致》中论及山水画"画意"品级之高低时有云："山水有可行者，有可望者，有可游者，有可居者……但可行可望不如可居可游之为得。"我们亦须知古时造园家在"如画性传统"园筑时所取的山水画"画意"之中不仅包括了"可望、可行"之"意"即视觉形象及空间感知的类同，更囊括了"可游、可居"之"意"即自然环境艺术地再现为生活空间，其实，中国山水画之可居性即实为建筑的性质。且此处的"虚构"仅是笔者用自己的解读方式来阐述苏州传统园林的整体空间结构形态，而苏州传统园林的实际空间营构过程是否遵循如此，则需另加研究，因此，用"虚构"二字加以界定。

### 5.4.1 垂直和水平系统的空间营造

苏州传统园林的空间结构和空间景象在人们面前从水平和垂直两个方向上的展开，可以让游园者开心和惊叹不已，如拙政园内水平构造与园外北寺塔之垂直构造即形成鲜明对比（图5-25）。吴家骅先生对垂直和水平方向的结构元素的观点可以借之用来分析苏州传统园林，他认为中国传统园林中的水平景观元素乃基于一种水平方向发展的景观结构，从视觉上和功能上表现无限的意味，表现生命的根源以及人与大地的本质联系；而垂直方向上发展出的景观则通过象征性地描绘天地之间的关系而将它们联系起来。[17]须阐明的是，属中国传统造物的园林构筑是中国人传统二维空间观念的实物再现，尤其是在"宅"的空间营造中，对水平方向的空间延展给予了着重的考量，其空间形态乃重重向外伸延的"平面式"结构。

图5-25　拙政园与北寺塔

（1）两个基本方向：竖直的方向和水平的方向

德国19世纪著名艺术理论家希尔德勃兰特认为："由于我们垂直于地面的姿势和双眼的水平位置，这两个基本方向理所当然地比任何别的方向更为重要，所有其余的方向我们都是根据竖直方向和水平方向来理解、判断和测量的。在大自然中这两个基本方向符合于那些在我们机体中固有的东西，而且符合于我们自然的感觉。因此，一切以这种水平的或竖直的姿势存在的东西容易给眼睛造成一种统一的印象。按这样的方式出现在艺术品中的东西给整个结构以稳定感，适当地激起我们对这两个特有的方向的共同感觉，为纯粹的空间感提供出发点，而且坚持这些单纯的基本条件对获得艺术和谐与平静的空间感知是重要和有效的。"[14]英国学者布莱恩·劳森亦提到："现在已经发现负责垂直和水平线的大脑区域特别有影响力。它们实在很重要，因为我们周围的世界依赖于这两个最常见的角度。……当然直角是一个特殊的角度而垂直向上是一个独一无二的方向。"[20]

演推至苏州传统园林空间，其中诸景观因素的安排布置在外观上都好像是在所描绘各种物体的不同形状之间建构一种竖直和水平方向的框架，它好比一个骨骼，到处可以感觉到。同时，垂直方向的景观元素能够产生纪念性意义空间。所谓纪念性，就是比其他形象更鲜明地孤立的东西，是由方尖碑或纪念塔那样垂直的因素和包围它的空间所形成的。沧浪亭、拙政园之待霜亭、留园可亭与冠云峰等均有一挺直高耸的垂直线条和往高空垂直伸展的体量（图5-26、图5-27），

图5-26　沧浪亭

图5-27　留园冠云峰

并与其他建筑物形成了强烈的对比，亦对保持空间形态的稳定性与丰富性起着不可替代的作用，而其形态与其背景空间之间却没有渗透作用，也只有当二者的形象共同取得均衡而美观时，其纪念性才越发成为唯一式的，整体空间品质也越高；若其他垂直景观元素如树木、石、围墙等的不合理的设置会破坏背景空间形象，并在其附近出现时，两者的均衡即遭到破坏，纪念性也就大为削弱，但无论如何，垂直方向的建构得以确立。

　　从古版画（图5-28）中亦可以看出墙体、栏杆、桥等景观元素在水平方向伸延的线条组合形成了一种十分有趣的节奏，即在水平方向的景观构建之作用；植物之种植亦有着独特的形式和高度，在垂直与水平各个方向延伸；墙体之垂直形式在空间环境中与其水平形式又形成强烈对比。艺圃水面之北的延光阁舒展的水平线条与水面之南的假山、植物、亭等共同塑造的冲天向上的垂直线条形成强烈对比，南、北之性格各异的空间通过一泓如镜的池水而融汇于一个整体空间中，和谐的空间关系中不乏变化之魅（图5-29、图5-30）。

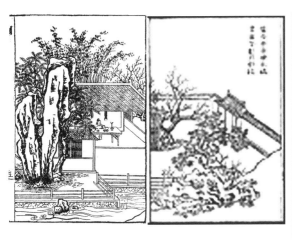

图5-28 古版画中的园林构造场景

图5-29 艺圃水面之北的延光阁

图5-30 艺圃水面之南的假山、植物、亭

（2）多维空间组编：水平与垂直两个方向多层次的交织

虽然苏州传统园林的景观建筑元素的样式、尺度都大体类似，但其组合与排列的园林形态则千变万化、各具特性。通过最简单的几个造园元素在水平与垂直两个方向多层次的交织即"重台叠馆"的景观模式，却是充满着空间想象力的景观设计：在空间上内外交错，虚实重叠，整体空间是个复杂的组合体，且妙在垂直方向背景的推敲，莳花树木，叠石构池，使人不知何虚何实，"虚实结合"的美学原则被发挥得淋漓尽致。当然，任何空间的垂直因素都必须阐明其规划意图，苏州传统园林空间垂直方向的设计如升高的岗丘与亭、楼之景观组合，既打断了水平线的平庸，又打破纵轴上形成的单一节奏，同时这类垂直方向上的景观组合也是使用者用于自身空间定位和方向识别的一种固定的参考点。

建于清末、占地仅百余平方米的苏州残粒园是一座与住宅相独立的园林，其有限的水平空间并没有妨碍它的景观营造，造园匠师的解决方案就是"占天不占地"，即在垂直方向上进行景观元素的布置，充分关注景观空间垂直系统的营造，如在园西北角依墙而垒的石山为全园最高点，上有一亭，名"栝苍亭"（图5-31），为园内唯一的建筑。但亦未忽视对有限的水平空间的控制，如园中央设一水池并沿池以乱石为岸、沿墙壁置桂、蔷薇等花木等等。水平与垂直两个方向的景观控制在此空间中得以集中的体现，人所获得的空间感知亦是多层次的（图5-32）。

图5-31　残粒园之栝苍亭

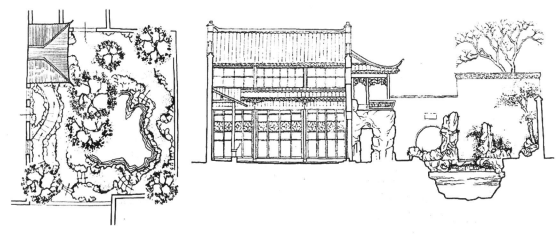

图5-32　残粒园平面图与纵断面图

## 5.4.2　"园中有院"的嵌套式空间结构

由于中国传统单座建筑的平面简单，它们必须依靠"院"为中心才能达到机能完整，因此，院的重要性必须和房屋的重要性完全相等，否则分散分布的单座建筑就无法构成一个完整的有机整体。同时，院子的形状、大小、性格等的变化是无限的，用"无限"来引导"有限"，亦可有效地化解"有限"的约束。"院"也是苏州传统园林"宅"的基本构成单位，亦实为"园"的空间布局手法之一，整个苏州传统园林不外是一种"院群"的集结，如刘敦桢所云："院落是苏州古典园林的一种建筑组合。由于当地园林面积不大，须在有限的空间内创造许多幽静的环境，或在连续的建筑之间插入不同景色的过渡空间，增加园景的变化，因而以院落来划分空间与景区，成为常用的手法。"[21]苏州传统园林的空间布局就是如此，一般大、中型传统园林实为许多院落的组合与排列而成，从《咏翠堂园景图》（图5-33）中即可看出园林就是一种"院"式层层套叠的嵌套空间结构：分隔园与外部城市空间的围墙"套"大院，大院又"套"小院，小院再"套"更小的边角空间。各院之间、院与边角空间之间并非完全分隔，而是相互咬合与贯通的。"小"亦并非是"大"的妥协、不是被动的，小是与大不同的一种空间体验，"人是善于创

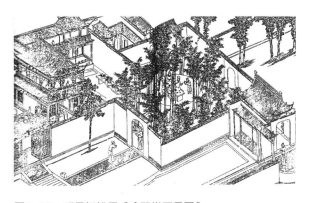

图5-33　明吴门钱贡《咏翠堂园景图》

造空间的动物，然后自愿自觉、高高兴兴地被镶嵌进去。"[22]人永远也逃不开空间，空间结构实质上空间与人、人与物之间的关系构成。

这种嵌套式空间结构形态与中国由来已久的一种传统造物形式——漆器、瓷器中多子盒的构造有着些许类似，即在一定的空间结构里面组成既复杂又和谐的整体，以大套小、小套更小式的嵌套空间形态而存在（图5-34、图5-35）。工艺史论家田自秉认为多子盒亦为多件盒，往往有九子、十一子之多。一个大盒能巧妙地容纳许多大小不一、形式多样的小盒，既节省了空间，又非常实用。多子盒是中国古代极富特色的、常见的日用器，其制作体现了卓越的设计思想，它从实用出发，考虑到使用的方便，放置的容积，以及图案纹样的多样统一，富于装饰性。汉代漆工艺中就已出现了"多子盒"之类的成套器皿，在此后的中国传统造物中，"多子盒"亦成为了经典的造物式样。[23]

图5-34 耀州窑印花多子盒（宋）

图5-35 五彩多子盒（明）

在已故著名建筑师莫伯治看来："中国造园结构，是由大小不同的'景'组织起来的，而这些'景'又是由各种景物所组织成的景物空间，每一景物空间都围绕着一个主题中心，因就地形环境特点，结合四季节序、朝霞夜月、风雨明晦、禽鸣鹤舞以至钟声琴韵等，都可以作为景物。这些景物，围绕着主题组织在一起，准确地将主题内容衬托出来，将这些不同主题内容的'景'安排在一个园内，像小说中的情节一样。"[24]具体到苏州传统园林，其造园结构皆是围绕一个品题为中心，组织景物于一个总体空间框架中，即大空间中嵌套了各有品题的若干小空间，如拙政园的"玲珑馆"、"海棠春坞"、"玉兰堂"和留园的"揖峰轩"、"石林小院"、"涵碧山房"、"五峰仙馆"等处，均是各有性格、各自成为一个较为独立院落，同时，亦与周边景观有呼应，在小小范围内布置得"廊庑回缭，阑楯周接，花映木承"。对以上各个院落的命名中，莫伯治亦认为此乃对造园结构之"编景品题"之特征，即每一子空间（院落）都似乎有其标签、品牌，均被打上文化之烙印。

"园中有院"的嵌套式空间结构实际上也是一种空间序列，即运用环环相套、大环套小环的空间结构，通过很多小的过渡空间后到达大空间，用小空间衬托大空间，多层次地展开"更小、小、大、更大……"的空间，这种多层次的展开是为了保证人在园林游居生活空间中的连续性、历时性，让人感觉真实、有情趣（图5-36~图5-38）。这种"小结构、大空间"的空间营构即"小中见大"是为了解决空间有限而需求无限之矛盾的方法，同时又进一步地丰富了园林整体空间的层次，经典案例如由数层墙体和廊道共同围合的留园石林小院之多层次嵌套空间，人行进于内，恰似在迷宫一般。

图5-36　网师园层层套叠的嵌套式空间之平面简图

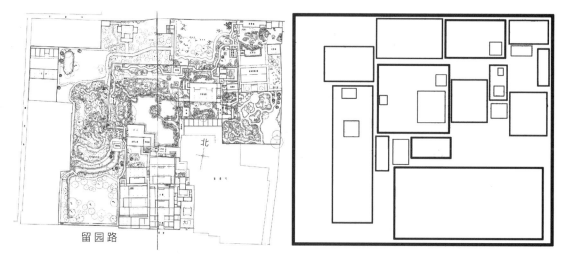

图5-37 留园层层套叠的嵌套式空间结构设想

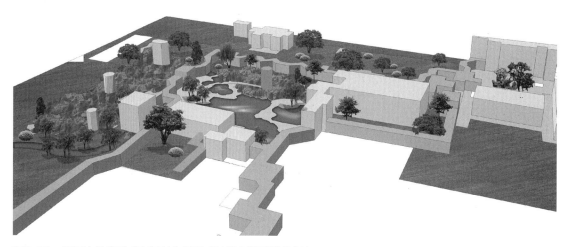

图5-38 留园立体套叠式空间结构设想（陆鞹电脑建模绘制）

### 5.4.3 "宅"与"园"的整体空间结构图解

苏州传统园林的整体空间形态体现了社会秩序与空间秩序的映照，并在三大功能区域内，由于人的空间需求之不同从而导致了空间秩序不同、土地划分不同，体现了人对特定空间区域之土地划分的偏爱，无论其空间秩序是显而易见的，还是内敛于形式背后的，空间秩序都一定存在着，没有秩序、序列的空间形态将会是"一团糟"的。"宅"的整体空间结构是"强调南北中轴线、规则整齐"，房屋沿着轴线串联而呈"棒"式的空间布局，严格遵循礼制的形式规范。而

"园"的空间秩序非其表面形态所显现的"感性与随意",隐藏在其空间形式背后似乎有一个不易被察觉的、重要的空间结构规律,即"放射环型"的隐性空间结构形态,它对整合"园"的空间整体性有着尤为重要的作用,须知"整合"在空间设计的诸多原则中是主导性原则,它决定了空间品质之高下,同时,空间整合又是以人的活动为参照,对景观要素和景观各部分之间的空间关系的推敲处理。

"放射环型"的空间结构秩序与结构规律就是围绕中心点的空间布局方式,而中心点往往不止一个,即大放射环中套有小放射环,有多个放射中心且园环视域互相交叉,使360°全视角控制下的视域达到了视觉极限,也就是说360°全视角的景观控制可以取得一个近似无限的空间画面感知之组合的可能。"圆"式的空间构图法则,既是对"观景"方式的控制与"景象"摄取的选择模式,又是景观营构的法式与景观形态的客观存在。"圆"既是中国人空间形态观念之理想图式,又与中国传统造物之"圆"式构图技法相一致(图5-39)。因此,可以说苏州传统园林之休闲区域的空间仍然有其严密的逻辑结构,其空间结构意象与中国传统游戏器物——"九连环"似乎又相类同(图5-40)。计成在《园冶》中已郑重提出了:"凡园圃立基,定厅堂为主"[19],即厅堂在"园"之营构的先后次序和重要性中,位居首位,它是整体空间营造的"中心"或"放射环的圆心"。同时,"园"之空间形态框架中的"中心"又可分为整体空间中心和局部空间中心,而"中心"一旦确定后路径也随之建立,并以能到达"中心"为目的进行路径的安排和布局,这种通过空间造型可使人自发形成有方向性的、沿圆心做圆周运动。

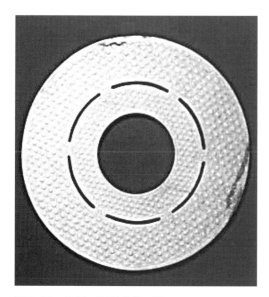

图5-39　战国　重环谷纹玉璧

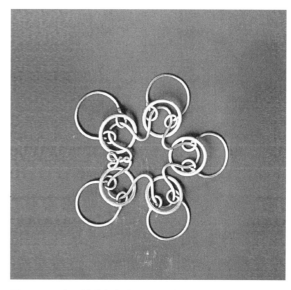

图5-40　中国传统益智游戏—九连环

第5章　"理想景观图式的空间投影"
——苏州传统园林空间设计图式理论

103

经典案例如拙政园多中心、疏朗型景观空间结构与"棒"式轴线住宅空间结构相并存（图5-41）；怡园之整体空间"中心"与局部空间"中心"被确定后，路径也随之建立。同时，节点空间亦沿着路径呈"线性"布置。假山、建筑、植物等实体对360°视域的遮挡，又恰恰形成了虚虚实实、若隐若现的迷人景观（图5-42）；狮子林之景观建筑均布置在以花篮厅为圆心的"放

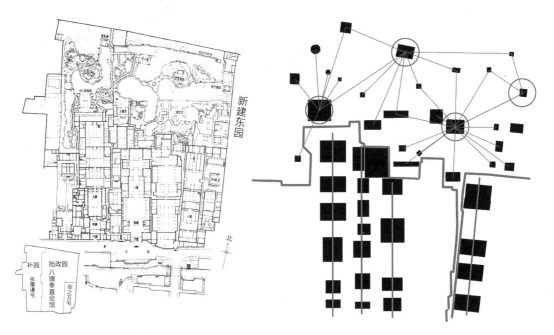

图5-41　拙政园空间结构图解

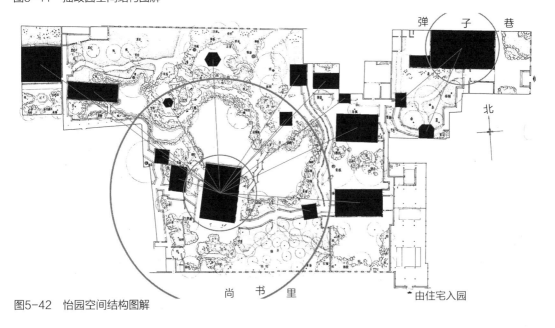

图5-42　怡园空间结构图解

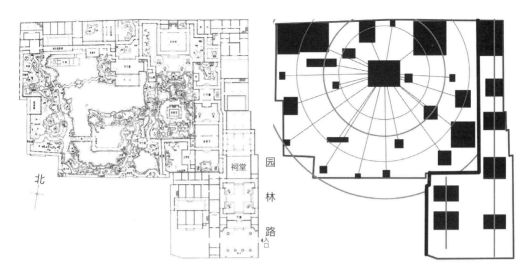

图5-43　狮子林空间结构图解

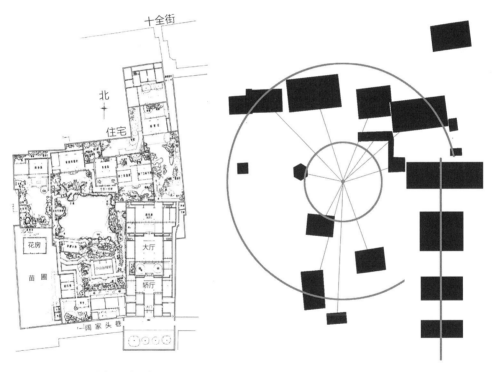

图5-44　网师园空间结构图解

射圆环"上，人在各类不同尺度的园环上做圆周运动。廊道亦设置在园林与外部城市空间分隔之墙旁，这类沿边界设置的廊道也可以被看作为一个"圆环"（图5-43）；网师园以水面为放射中心、紧凑型空间结构与"棒"式轴线空间结构并存的空间形态（图5-44）等等。

## 5.5 小结

空间总是有意义的，空间永远都不仅仅是空间本身，空间和人之间存在着一个更积极、更有意义的关系。人永远也逃不开空间，空间实质上是空间与人、人与物之间的关系构成。苏州传统园林用它的空间语言诉说着自己所处的时空坐标之位置，阐述着它的时代精神和地域风土精神。随着时代的变迁，苏州传统园林中景观建筑元素的增减、景观元素的流逝与成长等等变化是客观存在的，但这些都没有改变苏州传统园林的空间骨架与空间精神，亦即苏州传统园林的空间本质未被改变。这是因为造园的"骨"（内核）——空间未发生质的改变，它是园林存在的真正精髓，即苏州传统园林所传达的空间精神仍是原汁原味的、地道的，它以一种谦逊然而有力的方式表达了它特有的乡土意识和空间情感所具有的深度。

---

**注释：**

［1］李安宅.《仪礼》与《礼记》之社会学研究［M］. 上海：上海人民出版社，2005：3、24.

［2］陈从周，蒋启霆. 园综［M］. 赵厚均注释. 上海：同济大学出版社，2004：452-453.

［3］沈复. 浮生六记［M］. 林语堂译. 北京：外语教学与研究出版社，1999：96.

［4］童寯. 江南园林志［M］. 北京：中国建筑工业出版社，1984：28-29.

［5］王毅. 园林与中国文化［M］. 上海：上海人民出版社，1990：137、140.

［6］［美］伊佩霞著. 剑桥插图中国史［M］. 赵世瑜等译. 济南：山东画报出版社，2002：147.

［7］吴家骅. 景观形态学［M］：景观美学比较研究. 北京：中国建筑工业出版社，1999：148.

［8］张永和. 作文本［M］. 北京：生活·读书·新知 三联书店，2005.

［9］转引自范迪安主编. 经典. 贰［M］. 石家庄：河北教育出版社，2004：28.

［10］汉宝德. 中国建筑文化讲座［M］. 北京：生活·读书·新知 三联书店，2006.

［11］佚名. 明珠缘［M］. 上海：上海古籍出版社，1996：103-104.

［12］［英］布莱恩·劳森. 空间的语言［M］. 杨青娟译. 北京：中国建筑工业出版社，2003：29.

[13] 转引自张家骥. 中国造园论 [M]. 太原：山西人民出版社，1991：79.

[14] 童寯. 园论 [M]. 天津：百花文艺出版社，2006：40、28.

[15] （明）计成著，陈植注释. 园冶注释 [M]. 北京：中国建筑工业出版社，1988：42、56.

[16] （清）李渔著，王连海注释. 闲情偶寄图说 [M]. 济南：山东画报出版社，2003：230-231.

[17] （明）文震亨著，海军注释. 长物志图说 [M]. 济南：山东画报出版社，2004：118.

[18] 中央美术学院美术史系中国美术史教研室编著 [M]. 中国美术简史. 北京：高等教育出版社，1990：140.

[19] 转引自徐德嘉. 中国古典园林植物配置. 北京：中国环境科学出版社，1997：79.

[20] 阿道夫·希尔德勃兰特. 造型艺术中的形式问题. 潘耀昌译. 北京：中国人民大学出版社，2004：28-39.

[21] 刘敦桢. 苏州古典园林 [M]. 北京：中国建筑工业出版社，2005：36.

[22] 赵鑫珊. 人—屋—世界 [M]：建筑哲学与美学. 天津：百花文艺出版社，2004：18.

[23] 田自秉. 中国工艺美术史 [M]. 上海：东方出版中心，1985：154.

[24] 曾昭奋主编. 莫伯治文集 [M]. 广州：广东科技出版社，2003：26-27.

# 中篇　空间设计实验

陆 輫

# 第6章 "秩序·置换·重构"
## —— 后现代艺术视野中的苏州园林空间设计实验

苏州传统园林空间作为一个有机空间，有其生长、成熟、衰败与再生、重续辉煌、再度萎缩等一系列的发展过程，展示了其景观建筑之"生物性"。而且中国传统园林景观形态构成要素的相对独立，使中国传统造园家在空间艺术的创造过程中自觉或不自觉地、显意识或潜意识地对常规组合秩序进行颠倒、打破、分解、拼贴、挪移和重构——与后现代艺术与设计的同型化特质，因而采用了实验性"模型"研究的方法，保留中国古典园林原有的空间框架，将苏州传统园林的空间构筑模式从其表面形态所呈现的面貌中"抽离"出来。

苏州传统园林营构所追求的是一种人与自然之间的变化与控制，强调新与旧平衡、现世生活与理想境界之间平衡的一种景观创造，倡导着一种诗学的景观设计，即"景观不仅是人们在上面书写日常生活史的一片自然，可以像复写本一样一遍遍地擦拭并增加意蕴。景观也是一种敞开的文化形式，人们在此完成当下体验，而不用担心留下什么痕迹。……景观也是一种流动不居、永远变化的文化形态，这种形态由身处其中的人类赋予周边的环境以意义而不断地重塑。因此，景观既是自然，也是文化。"[1]苏州传统园林经由岁月的流逝而呈现出"多样的统一"，因为它是有机成长空间，由此在其空间形态上显现了"历史景观形态叠加"之特征，并成为江南园林乃至中国园林艺术风格的显著文化标识——在空间结构要素整合建构章法上的"一致性"，即拥有共同旨趣的空间美感和意味深长的结构美学。

## 6.1　一种视野——"拓扑学"透视下的园林的空间异变

若将中国传统园林的造景元素喻作"壳"的话，那么中国传统园林的空间秩序、空间序列、形态结构即可拟为"核"（或称其为"灵魂"）。当然，造景元素的布置有其固有的模式、套路，而这些套路所依据的"行为理论"就往往是不为今人所知、隐藏于景观形式背后的"核"。或许，在古时造园，一些特定的空间营造法则、形态结构图式是约定俗成、宣而不语的，以为是工匠师徒之间口传心授的，但到了今天却被遗忘、甚至是误读了。朱光亚在《中国古典园林的拓扑关系》中即采用了"取传统园林的营造本质"、取"核"的研究方法："必须把目光从与现实不相适应的单个要素（如水、山、花木、特别是建筑）上移开，站得稍远一些；对它们作一次共时性的即系统和整体的考察，注意要素之间关系的研究，才能找到其中更有生命力的本质。"[2]

关于"拓扑学"，其属于数学领域，有着自己严格的数学定义，且拓扑学是一种几何学，但它是不量尺寸的几何学，不研究其长度和角度等。欧几里得几何中允许图形运动，但只能是刚性运动平移、旋转、反射等，运动中图形上任何距离和角度保持不变。在拓扑中，允许的运动则是弹性运动，图形好像橡皮做的，可随意伸张、扭曲、拉伸、折叠，之后图形变了，但其点、线、面等的数量及结构关系不变；再如，画在橡皮膜上的两个相交的圆，当橡皮膜受到变形但不破裂或折叠时，图形改变了，但"有些性质还是保持不变，如曲线的封闭性，两线的相交性等。"这种改变是图形的"拓扑变换"——"同态（ homomorphism ）"即在拓扑变换中图形变换有连续性，几个图形同型，它们是同态的。在拓扑变换时保持不变的性质是"拓扑性质"。江泽涵在

《多面形的欧拉定理和闭曲面的拓扑分类》中即认为拓扑就是"对图形的拓扑性质的研究"，美国学者阿诺德（B.H.Arnold）在《初等拓扑的直观概念》中亦指出："拓扑学就是研究图形的拓扑性质的几何学"，而辞海中对拓扑学的定义是"研究几何图形在一对一的双方连续变换下不变的性质，这种性质称为拓扑性质。"具有拓扑性质的图形之间的关系即是拓扑变换关系或曰拓扑关系。经过拓扑变换的图形在结构上相同，两个或几个图形称为拓扑同构。

  "著名的过桥问题是新旧普列格河上有七座桥［图6-1（a）］，能否游览河两岸及岛而每桥只走一次的问题。图6-1（b）是一个改画的平面图——网络。能否每桥只走一次就看能否将此网络一笔画成，所以也是一个一笔画问题。欧拉得出了结论：网络中的点（这里代表河岸及岛）都有若干条弧（这里代表桥），点

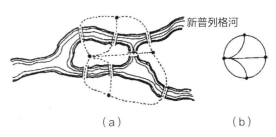

图6-1 过桥问题

上的弧为奇数的称奇顶点，偶数的称偶顶点。若能一笔画成只有两种情况：（1）从哪个点开始又回到哪个点时，网络中的点全部必须是偶顶点；（2）从一个奇顶点出发，最后在另一个奇顶点结束时，网络只有这两个奇顶点。因此，欧拉证明七桥网络不能一笔画成。"王庭蕙、王明浩在《中国园林的拓扑空间》一文中亦更加精妙地指出了园林空间的拓扑学"网络（network）"问题："园林最好使游人按照一条观赏路线观赏各景区，又尽量不走回头路和重复路，许多中国园林满足了这个要求。"[3]图6-2为苏州怡园的游园网络结构分析图，恰恰说明了苏州古典园林的游线组合的无限变化程度，这种无限的空间感知与美国当代著名建筑师斯蒂文·霍尔感知现象学的观点也不谋而合。斯蒂文·霍尔把对建筑的亲身感受和具体经验与知觉当做建筑设计的源泉，同时也是结果。他的感知现象学包括了两层含义：一是建筑师自己对建筑的真实知觉；二是在此基础上试图在建筑中创造出一种使人能够亲身体会或引导人们对世界进行感觉的机会，而早年的霍尔也一直试图从传统中获得精神以注入当代的建筑设计中，他重视社会文化在建筑设计中的作用，尤其是地点、场所、气候与建筑的关系。

  姑且不论朱光亚先生的"拓扑模式"的研究成果是否为中国传统园林真正的"核"，但其研究方法非常值得借鉴、非常先进，其得出的中国传统园林形态结构具三大关系（向心关系、互否关系、互含关系）以及三种关系的图式原型——太极图，却是闪耀着理性的光芒，对现代建筑、现代景观的营造如何继承中国传统景观建筑的"内核"有着重要的指导作用（而非一味地仿古、形式的仿古、表皮的仿古，非"四不像"、假古董），因此，对于"古典园林遗产"的保护、更新，从园林空间形态结构入手即为技术操作策略之一。当然，对苏州传统文人园林形态结构的研

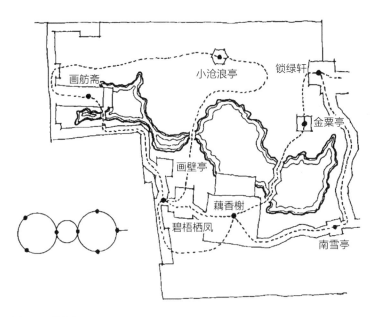

图6-2　怡园

究，是以现存的园林景观面貌为研究基础，并不严格牵涉构成这些传统园林形态的景观要素在时间范畴中的流变（此处暂且对其历史上曾经有的景观要素及形态结构，不做深入地研究）。因而，本章对传统园林形态结构研究的时间界定就是今日所见、今日之风貌。在此对形态结构的研究也属于"解读"的设计哲学范畴，不同的"解读方式"可以产生不同的"理解版本"。正因为是"解读"，以下阐述的结构关系就不一定是古人造园所依据的法式。或许，前人造园时并未协商一致，也没有想到要与朱光亚所云的"太极图同构"，但是正如荣格所分析的那样，集体无意识正是文化的反映，这种不约而同的同构现象正好揭示了中华建筑文化的深层结构，它较之表面的具象的要素更具有生命力。

"一座园林有若干景区，步移景异是中国园林空间组织的重要特色，特别是相邻景区有明显差异。但是在一座出色的园林里传统的手法均表现在：（1）虽各有差异但脉络相通，每隔一两个景区有一点前后呼应之感；（2）相邻景区虽手法不同，但并不像暴发户那样杂乱无章，琳琅满目，有多少景区就有多少花样，所有知道的手法一股脑地堆在一个园子里；（3）相隔开的景区有时用同类型手法，但布局和技法各有不同。这三种表现是拓扑学中的'同态'但不一定'同构'。"[3]张永和在《坠入空间——寻找不可画建筑》一文中即认为："当我把内向空间归纳为中国传统的时候，已经假设了空间的文化性。如果空间的文化性与人的活动有关，它必然随生活方式的变化而变化"，得知"区域的客观存在与人为地划分"均以"人的行为方式、使用目的、生活方式"为界定区域的手段。这一点，在中国传统园林空间区域的划分中，也不例外——中国传统园林在使用功能上可以分为两大类："居住与休闲"，因此，对其区域的划分也可分为两大类："宅"与"园"。但"园"的意义和内容却被扩大、衍生了，"园"作为一个与"宅"相对应的、较独立的整体区域，其内部又可划分为若干小的区域，形成"区域集群"或称为"园群"，如拙政园的中部景区可划分为七个区域（图6-3）：远（远香堂区）、枇（枇杷园区）、梧（梧竹幽居区）、柳（柳荫路曲区）、洞（别有洞天区）、虹（小飞虹、小沧浪区）、岛（中部湖岛区）。区区不同、景观各异，而这七个区域又是在四种同态类型（空间形态性质的趋同、一致）上变化的：

（1）廊和建筑组合的空间区域：枇、虹、柳三区；

（2）独立建筑、外围包廊的平陆景观区域：远、梧二区；

（3）以水为主、独具风格的区域：洞区；

（4）以山、岛、水为空间主体的自然风韵区域：岛区。

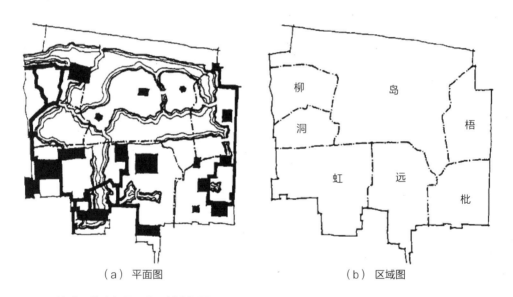

（a）平面图　　　　　　　（b）区域图

图6-3　拙政园的中部景区的区域分析图

## 6.2　一种假设——"后现代空间"式形态结构

后现代主义建筑理论大师查尔斯·詹克斯（Charles Jencks）从其研究中国园林的太太那里获得灵感，将后现代空间与中国古典园林建筑美学联系起来。后现代空间，他说，正如中国的园林空间，悬搁了对事件做出一目了然的、最终的安排，却热衷于一种迷宫式的、散漫无边的、永远也达不到一个绝对目标的"方式"。中国园林结晶化了一种"阈限的"（liminal）或"间于两者之间"空间，这种空间在一组组矛盾之间、在不朽的大地与社会的世界之间做出调停。它悬隔了时间与空间的正常范畴，社会与理性的范畴，而成为"非理性的"，或从字面上讲是不可理喻的。以相同的方式，后现代主义者用屏风、非循环的母题、含混与玩笑，复杂化了或打碎了他们的平面，以达到悬搁我们对于广延与内容的正常感觉。[4]常青亦认为查尔斯·詹克斯把中国古典园林空间比喻为"后现代空间"是有一定道理的，"当代建筑中的反秩序、非标化、无中心、多灭点等空间设计倾向从某种程度上也反映了后现代空间对身体动感和触感的关照。以某种角度来看，这一倾向实已颠覆了以视觉分析为主线的传统空间设计理论。"[5]周琦也认为江南一带的园林式住宅，士大夫或富商们赋予宅邸更加生动丰富的自由情趣，完全没有居中的严谨布局，取而代之的是自然有机的步移景异，和出人意料的空间态势。中国传统文化中复杂的思想、心态和人际关系，在这种空间中得到完整的体现。所以，当查尔斯·詹克斯看到苏州园林的平面时，无法理解其中的复杂性，他认为后现代的鼻祖在中国．苏州园林远比后现代的含混不清更复杂。[6]

后现代空间似乎在每个方面都很丰富而又含混的中国园林一样，或许是由于中国传统园林景观形态构成要素的相对独立，使中国传统造园家在空间艺术的创造过程中自觉或不自觉地、显意识或潜意识地对常规组合秩序进行颠倒、打破、分解、拼贴、挪移和重构，拓宽了园林欣赏的时间和空间，使得园林的意境随着视点游移或视角转换、身体移动后空间感知处于不断的叠度和衍伸之中，逐渐形成了多样化的空间结构特征，形成了高度凝聚而又深邃空灵的艺术空间，正如陈从周先生在《续说园》中所说："我国古代造园，大都以建筑物为开路，私家园林，必先造花厅，然后布置树石，往往边筑边拆，边拆边改，翻工多次，而后妥帖，沈元禄记猗园谓：'奠一园之体势者，莫如堂。据一园之形胜者，莫如山'……我国古代园林多封闭，以有限面积，造无限空间，故'空灵'二字，为造园之真谛。"[7]

后现代艺术的一个重要特点就是挪用，挪用不仅表明了艺术家对于传统的态度，更重要的是使艺术家有机会对于传统与当代的关系做出个人评价，使艺术家得以以经典之视角展开现实反思。通过挪用，艺术家对于传统的地位与意义做出新的解释，同时，又因为给传统加入了新的因素，而使这个传统成为更为丰沛的、更有活力的东西得以延续下去。艺术家对于传统的真正意义上的贡献，就是能够以自己的作品为经典提供新的活力，使之成为一种资源而不是教条，使之具有诱惑后来的艺术家对之产生兴趣的内在魅力，使艺术家能够为它所挑衅、所激发，激起不断地对其做出新的解释甚至是破坏它的冲动，引起艺术家对之注入新的思考动力的兴趣。如此，传统才有可能为形成新的传统提供能量。[8]而且中国传统园林背后应有一套事实上的宗教与哲学形而上学，以及一种早已确立的隐喻系统，园林自身亦有其内在的空间逻辑、有一套自己的规则，也就一个"围"字——围山、围水、围建筑、围植物群落……"围"的本质就是封闭性的内向型空间被构筑，中国传统园林的核心空间问题就是用古老院墙所围合的空间，形成了一种封闭的内向自省空间，亦可以说成是一种封闭的文化类型。这样一种内向性聚散空间逻辑被一种仪式、一系列的场景划分所控制，"仪式"在此空间逻辑中占据着核心地位，尽管它们可以施诸不同的情况，但它们自身并不以"显而易见"的姿态向景观开放。[5]陆邵明先生亦认为中国古典园林空间的营造实际上就是一种"场景的编排"，包括处理结构、安排程序、选择策略方法在各类型的古典园林中的应用，这其实是一种现代语义下对古典园林多样变化的空间组合一种解读。

## 6.3　一种实验——实验动机与"抽离"、"替换"的艺术手法

在此采用理论性、实验性"模型"研究的方法，保留中国古典园林原有的空间框架，将中国古典园林的空间精神、空间特质、空间构筑模式从其表面形态所呈现的面貌中"抽离"出来。事实上，"模型"和"类型"之间存在着差别。"模型"是什么呢，就是你看到墙、瓦之类，只是你可以拷贝的、明确可以看到的东西；而讨论事情所以发生的原则，称之为"类型"，它研究的是生成机制的问题，它是讲为什么会生成这样的东西，为什么会是这种坡顶、这样的发券等等。[9]运用"景观元素被替换"式的空间结构，通过一种拼贴的实验，古典建筑均被"挪移"与"置换"成现代主义"方盒子"式建筑形式，特意采用现代的形式手法材料赋形。由此可见，建筑的形式在此似乎微不足道，真正的价值所在就是空间精髓被保留、未改动。试图用一个普遍的范畴去使一批独特的东西变得真实可信，这个范畴就是空间图式的存在及被揭示、被暴露出来，而研究的途径是借用电脑建模技术来想象一种新的图景，通过虚拟的构想，将中国传统园林空间的归属性和层次性表达出来，将其含蓄的空间韵味传达出来——由建筑所形成的空间势必会与一些特定的人或人群发生关系，于是"归属性"便凸显出来。这其实就须非常鲜明的指认"空间"乃园林的骨架、本体、内核，景观建筑元素的改变、破败乃至替换，均不能改变传统园林的空间精神与空间本质。

当然，这只是一种"设计实验"，这种实验的过程与结果是否具何种意义，则另当别论。采用此种实验研究的动因来自于已故著名建筑学家童寯在《江南园林志》中的断定："现存江南园

林遗产，屡经历代修改，多非原貌。……由于一再更迭，凡园史越久远者，则与原园相类处越少，今日诸多苏州园林始建于清代，一般为20世纪后半叶。"[10]苏州传统园林空间作为一个有机空间，有其生长、成熟、衰败与再生、重续辉煌、再度萎缩等一系列的发展过程，展示了其景观建筑之"生物性"。而在此过程中，人的行为活动是最主要的介入因素，亦即苏州传统园林之木构建筑空间其实是随人的生命、家族的浮沉之不断交替而呈现出了"营造、废毁与重生"的螺旋式演进过程，同时，不同历史阶段的景观形态亦在其同一空间上进行了叠加。由于它本身具有生物性，类似于一种"生命"成长的过程，姑且论其为"生物脱壳"式的弹性适应空间、有机空间。以拙政园为例，其园之构筑实乃根据其基地条件的情况而规划的，是"高方欲就亭台，低凹可开池沼"[11]设计理念的具细体现，由园经营之初，屋宇稀疏而水面汪洋，而最终形成了水池由楼台亭阁环绕而成为观赏中心，"美树丛中，柳竹桃梅新植，荷叶覆盖池面，玫瑰点缀幽径。"[12]但若据拙政园中部之现貌的与文徵明之《王氏拙政园记》所记载的拙政园中部的建筑数量与名称做对比，即可发现景观建筑在不断增加，如玲珑馆、海棠春坞、远香堂、玉兰堂、荷风四面亭、雪香云蔚亭等，而其山水骨架却未发生根本的改变，地域建筑元素与其他地方色彩较强的造景元素又进一步强化了独具苏州风土特色的空间特征。

尤其是苏州传统园林"意趣活泼、野致横生"的山水园区域在不同的历史年代中，在经受兵劫、火焚之后以及营园材料的易损，致使众多历史名园倏尔湮废，今所见者仅凤毛麟角。从清人张履谦对补园及其东部的拙政园之描述即可知："岁己卯，卜居娄门内迎春坊。宅北有地一隅，池沼澄泓，林木荟翳。间存亭台一二处，皆欹侧欲颓。因少葺之，芟夷芜秽，略见端倪，名曰补园。园之东，即故明王槐雨先生拙政园也。一垣中阻，而映带联络之迹，历历在目。观其形势，盖创造之初当出一手，后人剖而二之耳。……盖居是园者，迭有变置，自嘉靖迄今，垂四百年，衣裳钟鼓，固已屡易主矣。"[13]属明清时期营造的部分苏州传统园林，其内的大树、古树基本都是在明至清早期种植的，植物、水面亦是明清两代遗留下来的，因此"园"的空间框架是老的，基本没有大的变动，而景观建筑（空间物质构成元素）则是在同治年间到民国、新中国成立后陆续更迭的。

如此这样，苏州传统园林却仍能形成其独一无二的整体景观效果与空间氛围，虽然"新增加或流逝的东西的确已经干扰了已经存在的东西"，但它"以不改变事件的本质为原则"——形式虽有异，而空间精神却是一脉相承的。应明确的是在其不同的历史阶段，景观建筑虽时常处于风雨飘摇的状态之中，亦随时都在发生改变、有东西加进去，或去掉，特征被修改、移动等等，但造园匠师们所运用的石、花木等一系列的造园材料和建筑材料都是乡土的，往往皆为就近取材以满足气候和使用者的要求，其空间营造方式和装饰风格的一致性又发展了一种使建筑和自然建立起亲密和谐关系的本土技术，苏州的地域特征亦被凸显，如"湖石"在苏州传统园林中普遍存在，它采自太湖之深水，此湖距苏州不远，故石源丰足，亦使得苏州的造园作业较为方便而经济。

台湾建筑大师汉宝德先生在《中国建筑文化讲座》一书中则从文化角度出发，论及这些现象时认为："对于中国人而言，一座古老建筑的倾圮已是天经地义的。""古老的建筑如同一件破旧衣服一样，并没有保留的价值。"[14]梁思成先生也曾有过类似的表述："盖中国自始即未有如古埃及刻意求永久不灭之工程……视建筑如被服舆马，时得而更换之；未尝患原物之久暂，无使其永不残破之野心。"[15]其原因应与中国传统的一脉相传发展下来的建筑营造观念应该是密不可分的：中国人着眼于建立当代的天地，重视当下空间环境的建造，即所谓的"三年大见成效"，而不是着力于创造一个长久性的环境，从其构筑材料（木、砖、瓦、石）的选择上便充分地表现出来，在建造技术上亦形成"土木合一"的木框架结构的建筑。一般来说，私人宅院除了用石作建筑的台基外，其余的材料都是非耐久性的、都是有其寿命的，那么在同一基址空间环境下，其建筑的"建→损、直至废墟→重建"这一循环过程应是客观存在的。

关于这一点，也可以借鉴计成在《园冶》中所表达的营造态度，即人和物的寿命是不相称的，物可传至千年，人生不过百岁，我们所创造的环境应该和预计自己可使用的年限相适应便足够了，何苦希冀子孙后代在自己创立的环境下生活呢，何况他们并不一定满意我们替他们所作的安排。中国人对于"营造"抱以一种很现实的态度，"建筑只是一种生命中的工具，它并不足为人生永恒价值之所寄，它只是在此一时间、空间中为我们赖以遮风避雨，过一种和谐的社会生活，并满足我们心灵需要的器具而已。在时间、空间改变后，这一切都不存在了，中国人了解变动不居的道理。"[14]新建筑因主人发迹而开始的，因主人事业飞黄腾达，而有富丽的景象，车水马龙的活动，引主人的衰退或失败而归于沉寂，终因岁月之磨蚀，无人照料而破败。如果后代争气，自然可以对建筑善加照顾，按时修缮。如有子孙在功名上超过先代，则必再建为更大、更豪富之住宅，以"光大门楣"，而无须保存老宅。

这深刻地体现了中国古典建筑（当然包括中国传统园林建筑）具有的"更新与演替"的表现特征，同时在中国人内心深处也隐藏着这样深层的"更替"心理——"朴素的现实主义"营造观念。而"替换"或"置换"本是心理学上一个重要的概念，梦的形成是置换，移情是置换，弗洛伊德的诸多精神分析的诠释都在对抗置换的过程，从而获得人心的正解。可"置换"、"替换"后的"存在"毕竟不是本真的、原始的形态，"变异"在此是不可避免的。范伦特的定义或许可以更清晰地表明"置换"为何物，"置换就是把自己的感情改为指向一个较少情感关注的客体，而不是针对能引起这种感情的人或情景。"

因此，尝试选择了苏州传统园林中的一些精品尝试运用"替换"、"挪用"式操作手法，并亲自通过3ds max三维建模的计算机虚拟手段来表现苏州古典园林的空间模式，寻求一种"空间实验"来展现苏州古典园林的空间结构。这既是对中国古典园林的空间构造模式的实验，也是中国古典园林在今日其景观形态该如何演变的实验，更是一种"虚拟"替代"现实"的后现代性实验。在此需要说明的是此次的"空间实验"不是完全精确的"替换"，而只是在原有古典建筑的位置"替换"为现代主义的建筑，至于二者之间的高度、通透性以及建筑周边的植物群落则未有仔细推敲，一方面限于笔者能力及精力的限制，另一方面笔者也试图通过这种"模糊式"空间处理，得出一种典型的中国感觉式的实验结果（图6-4~图6-8）。

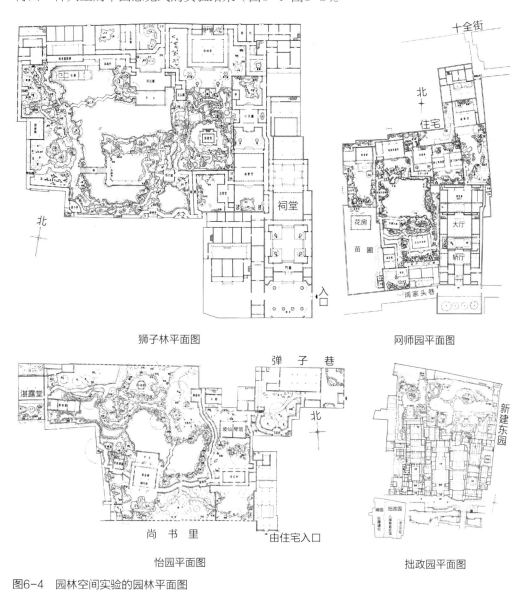

图6-4　园林空间实验的园林平面图

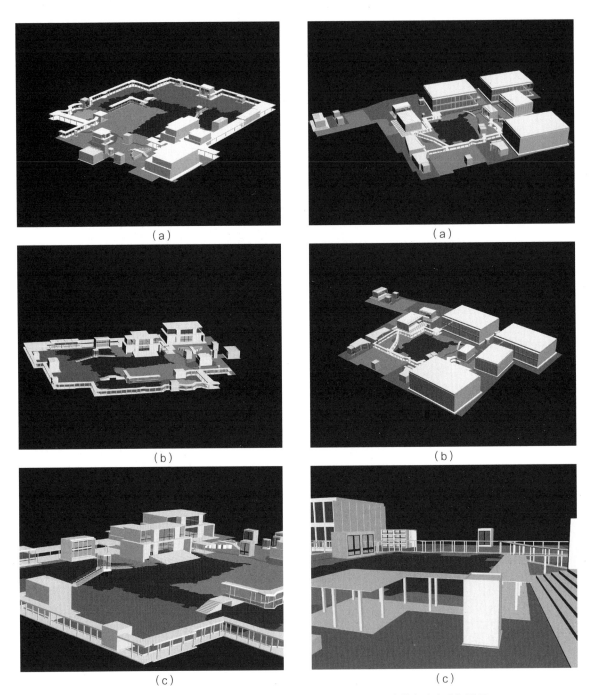

（a）　　　　　　　　　　　　　（a）

（b）　　　　　　　　　　　　　（b）

（c）　　　　　　　　　　　　　（c）

图6-5　狮子林建模实验鸟瞰与透视　　　图6-6　网师园建模实验鸟瞰与透视

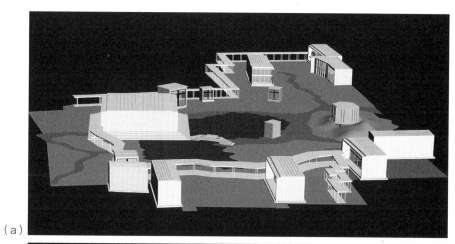

（a）

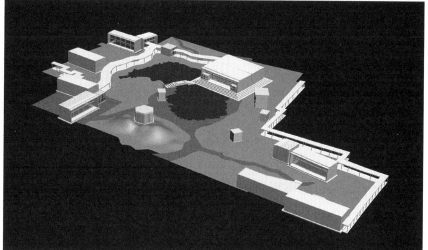

（b）

（c）

图6-7 怡园建模实验鸟瞰与透视

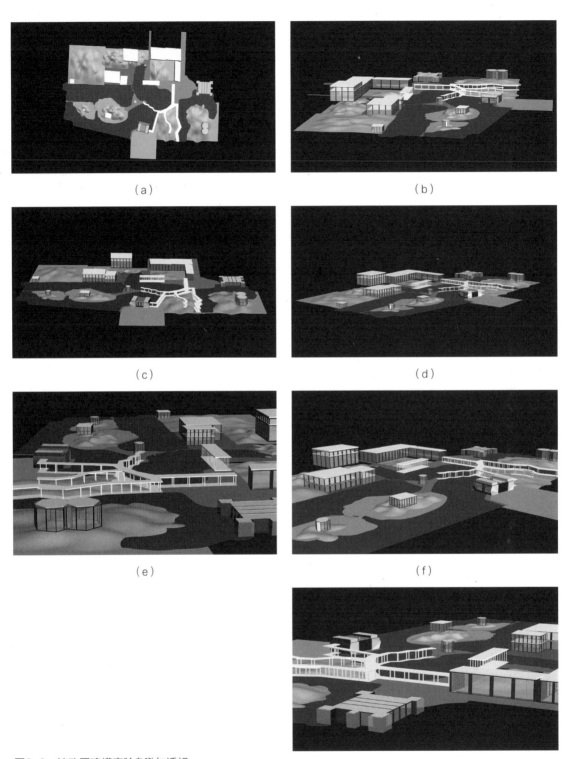

（a）

（b）

（c）

（d）

（e）

（f）

（g）

图6-8　拙政园建模实验鸟瞰与透视

再聚焦于景观细部进行"曲水流廊"的景观装置设计实验，本景观装置——"曲水流廊"为取法造园古意的现代景观诗性表达，其创意来源于苏州古典园林中的经典景观"贴水游廊"以及中国传统园林文化符号之一的"曲水流觞"，亦借"曲水流廊"这一景观装置向中国古典园林艺术进行历史回溯与致敬，正如计成在《园冶》中所云："落水面，任高低曲折，自然断续蜿蜒"。（图6-9）。一方面，"曲"作为一种水平向蜿蜒曲折的空间经验，可营造出步移景异的"流"与

图6-9 曲水流廊

"动"的空间结构，即"廊"作为灵动的江南古典园林线性园林建筑，莅临其中可捕捉一种"动态的空间景象"。另一方面，本景观装置强调竖向高程上的强烈比照，以"高低错落"、"峰回路转"进行垂直向的立面建构，暗示一种与众不同的运动空间趣味，此亦引借苏轼名诗"横看成岭侧成峰，远近高低各不同。不识庐山真面目，只缘身在此山中"的启迪，让"廊里看花"成为令人兴奋而激动的、高下曲折的"游园"行为体验，让"赏花之廊"成为承续中国传统经典园林空间品质的内敛佳作。

苏州园林的造园思想是如何让人生活在处于"山"和"水"之间，即按照造园传统，建筑在"山水"之间最不应突出，沿着一条穿越路线，由山走到水，建筑尺度间对比悬殊以及可以相互转化的尺度是中国传统造园术的精髓。在"曲水流廊"的材料建构实验上选择再生板材（规格为长度300cm、宽度30cm、厚度8cm）作为本景观装置的"表皮"，让其贴附于作为装置骨架的工字钢之上，此时土红色的再生板材即作为"曲水流廊"的顶盖材料以及作为廊之一侧的墙面材料，在整体造型上形成"半实半虚"、"虚实相映"的景观形态。工字钢也将被刷成白色，与土红色的再生板材共同打造一个简洁、干净的景观空间。而且，本设计也充分考虑了景观装置的安全性和施工的可操作性，故而将工字钢作为"曲水流廊"的主体支撑骨架材料（图6-10）。

## 6.4 一种实践——"苏州庭园"的营筑案例

我们可以得出一个结论：传统园林景观的范畴已经扩大，它不仅仅是一个独立的空间体系，它的构建方式与原理也不仅仅停留在了原有时代，它的内涵在当今时代得到了发展和深化，即传统园林景观和现代建筑、现代风景游览区域、现代城市空间、环境生态等相交叉、相补充，并形成了一个全新的具有历史文化特征的艺术设计领域。苏州古典园林空间模式是指剔除苏州古典园林形式上的"壳"，但保留其独有的空间结构模式即取其精华，保留其灵魂性的物质要素，并倡导中国古典园林的传统审美观，即小中见大的艺术审美思想，提倡园林设计的民族特色与现代园林设计在深层次的结合。建立苏州古典园林的空间模式对现代园林景观构建的有重大的启示。因为苏州古典园林是中国古典私家园林中最具代表性的，同时相对于北京、承德的皇家园林而言，苏州古典园林是更具人性化、更贴近普通民众生活的园林景观构建模式。

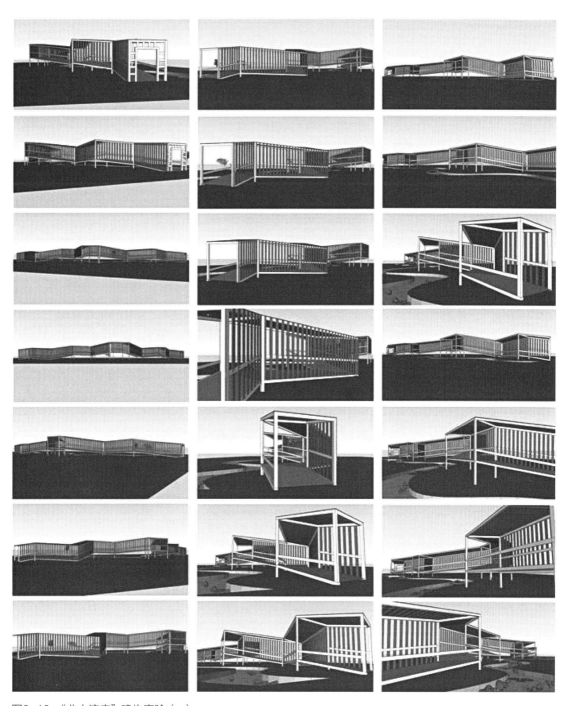

图6-10 "曲水流廊"建构实验（a）

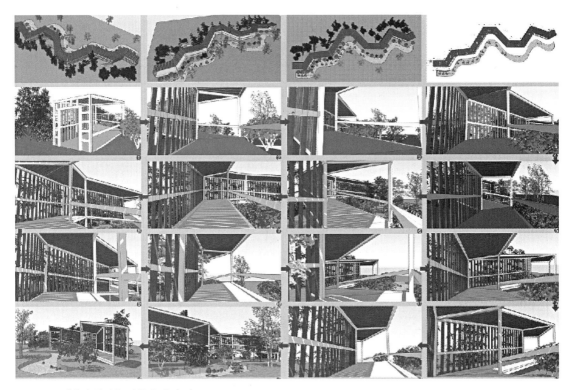

图6-10 "曲水流廊"建构实验（b）

而且，由于苏州古典园林中有不少在当时是处于繁华的市井中，土地面积、空间规模的局限却从客观上形成了小中见大的苏州园林的特点。这一点对改善当今城市的日益拥挤、城市可用地的日益萎缩、人居环境的恶化，提升城市形象、人居环境品质、地产运作效率来说有着重要的启示和借鉴作用，并探讨中国传统的模糊哲学对苏州古典园林的影响，来构建根源于中国传统文化的、符合现代城市发展的、对现代景观有启示作用的园林景观设计理论。作为现代人居环境的营筑实践，若将中国传统空间价值加以重新地赋予其实用内涵，而非理论上的探究，这就是一种营筑实验，其途径是真实的营造。对古典园林的灵魂即空间价值，进行全新的尝试与探索的代表作品"苏州庭园"亦试图源流传统建筑精神的实验、把传统元素用在现代的住宅中应该值得肯定，这是一种传统空间设计文化再现的实验，是对中国传统空间精神的再解析，涉及景观建筑艺术遗产、传统建筑空间模式的继承问题，并将中国古典空间精神从原有的传统建筑形态中"抽离"出来，脱离纯粹的形式模仿，将传统空间价值作为实际设计、建造的坐标与框架。

巷弄：建立人的交往空间（人文关怀）

园林内省的空间

苏州旧有城市肌理

地块临近北寺塔应给予足够关注

水巷

……

这是建筑师林松在近年主案设计"苏州庭园"别墅区项目时，对苏州印象和建筑追求所提炼的几款关键词句。由此开启了他的一些城市学思考与研究：城市社区应提倡步行交通；汽车停入地下增加人与人交往的尺度，1m：分辨气味；7m内：耳朵非常灵敏，交流无碍；20~25m：看清人的表情和心绪；30m：可分辨人的面部特征、发型和年纪；70~100m：确认人的性别、大概年龄和的人行为；100m：社会型区域：汽车停放得离家门越远，这一区域就会有越多的活动产生，因为慢速交通意味富于活力的城市。把汽车停放在城市外围或居住区边缘，然后在邻里单位中步行50~100~150m到家，这一原则在最近的欧洲住宅新区中越来越常见。这是一种积极的发展，它使得地区性的交通再次与其他户外活动综合起来……

### 6.4.1 案例概况

"苏州庭园"项目地块地处苏州古城区中轴北端（图6-11），西临北塔寺，东望拙政园。该地块所处的区域内还有工艺美术博物馆、贝聿铭大师主持设计的苏州博物馆新馆，以及多处文物及控制保护建筑。人文气息非常浓郁，又是旅游景点集中的区域，占尽地利、人和。随着近几年苏州旧城保护性改造工程的推进，古城区少有成片大规模的土地可供开发，而"苏州庭园"项目地块面积却达200亩。苏州规划院对该地块规划也提出种种设想：如规划的核心问题即传统形态与现代生活的融合。且规划的最终目标——分解的地块能达到时空的统一：

（1）道路交通疏导规划道路网络布局：维护苏州古城道路的路——巷——弄的格局。

（2）地下空间利用规划主题：有效提高建筑利用率。

（3）传统文脉保护规划传统民居群落的保护：规划要求整体上保持街巷空间格局、尺度、保持传统民居的原貌和色彩。

（4）传统风物的保护：区内有众多的古树、古井、古桥梁、照壁以及两段古城墙遗址和一座"知恩报恩牌坊"，规划通过挂牌、立碑、围栏、开辟绿地等多种手段予以全面保护。

图6-11 苏州古城20世纪50年代照片传达出的城市意象

## 6.4.2 案例分析

建筑师林松在以上研究基础上，并遵循规划指导思想，针对当前国内园林型房地产案例进行分析比照，总结出它们存在的一些不足：

（1）大园林串接单体建筑的思路，适合于远郊，放在城区内易产生对城市肌理的破坏。

（2）以道路肢解地块，使建筑过于孤立，不易形成交往空间。

（3）以大院落20m×20m围合成空间，尺度上失控。

（4）建筑单体以西式集中式为主，剩下部分设置园林，园林成为把玩的空间，建筑与园林结合略显生硬。

（5）建筑呈排屋状分布，以缺少交往，位于城区中，价格高，不可能原拆原建，使原有社会网络衰失。

因此，建筑师希望以设计来弥补以上不足，重塑人文关怀，建立交往与内省的空间场所，创造富于城市活力的空间。至此，建筑师林松确立了"追求苏州古街巷的空间格局，传统形态和现代功能组合"的项目整体构架。传统建筑外部形态包括进深肌理、空间尺度、建筑形制、装饰构件、材质色彩以及其他传统元素。其中纵深形态的进落肌理是传统建筑群落的最基本特征。而在传统街弄尺度研究中，建筑师林松认为："街—巷—弄"的格局是苏州古城传统街巷的特色。街主要体现街道的交通性，巷和弄则更倾向于生活性。通过对古城多个传统街坊巷弄关系的调查后，他发现：巷多为东西向，弄多为南北向；巷的宽度多为6m左右，弄则以3～4m为主；巷较为通畅，弄较为曲折。由于消防要求低层建筑间距不应小于6m，因此，弄的延续受到一定程度的制约。以"巷—弄—巷"的形式，由巷承担消防主通道的职能，由弄承担消防次通道的职能等等。

## 6.4.3　案例定位

建筑师林松说："我们不是一味地做仿古建筑，而是结合现代人的生活需求进行创新，还有在材料选择上的创新。社会在发展，建筑也应该与时俱进，关系、尺度等方面当为首要把握，建筑符号则应是善用之。"

## 6.4.4　案例设计

建筑师林松在"苏州·庭园"别墅区规划设计中着力体现了以上特点，他设计的巷、弄一般宽只有2米，窄而深，打开小门就是一片大的宅院，而走到尽头又会峰回路转。期望这可以暗合苏州园林"隐逸"的特点。因为苏州古典园林一般都取意于"隐于城市山林"，造园者大都为归隐官员，他们在官场上沉浮多年，知道不可太显山露水，惟明哲保身为立命之本。而现代的苏州民间，也基本上承袭了这种气质，轻易不露富。巷、弄的设置同时又具备了交往的功能，因为现代人的生活又需要邻里沟通交往，而不少现代建筑恰恰抹杀了人们交往的空间，因此，该项目在巷弄的交汇处又安排了一些公共的活动空间。这种交往体现得最为鲜明的，就是该项目集中的地下车库的安排，因为窄而深的巷弄汽车无法出入，即使可以出入又会人车混杂带来很大不便。安排从车库回到家的步行系统，一是业主能够体验回家的感觉，二是可以提供邻里交流交往的机会。

在该项目中，巷、弄结合的布局又不是封闭的，该项目从中间辟出一条庭园路，将整个项目划分为东西两区，使每条步行的巷弄都不是很长，而且能与外界的街道保持紧密的联系，其他的巷弄端口也同样使封闭的系统与开放的街道有机联系在一起，使隐逸和交往同时能够和谐并存。

"苏州庭园"别墅区以东西为巷，南北为弄，重现了苏州古城风貌的空间肌理，两条一纵一横的水陆并行的街道形成对苏州双棋盘格局的隐喻。园内以北寺塔为端景建立联系，整体上形成绿化丰盈，入口开敞，塔影西斜，寻影而归，过巷穿弄，入门庭，进院落的空间意境（图6-12）。

"苏州庭园"的建筑采用多进式院落住宅布局。住居模式与类型分为：比联式（2户）——邻里关系的重塑；院落组合式（6户）——交往的层次性；独院式——微型园林与传统空间的探讨（小中见大、步移境异）；园林式——宅的诠释、择邻而居、独有的景观资源、现代生活的引入。建筑师在这里以书画的章法布局，"计白当黑"将室内空间的"黑"与外部庭园空间的"余白"彼此衬托，相映成趣，相互借景，浑然一体。他还通过一些传统园林的空间手法，造就多种不同声色、尺度的空间氛围，在有限的空间范围内追求"庭院深深深几许"的意境。"苏州庭园"的建筑设计以及园林、宅院设计，体现了苏州（江南）民居和园林建筑的个性特色，更多地考虑了苏州传统文化底蕴与现代生活方式的融合，突出表现了内省、隐逸、交往的寓意。其至包括建筑单体的立面色彩与材料构成，也体现出传统与现代的有机结合（图6-13）。

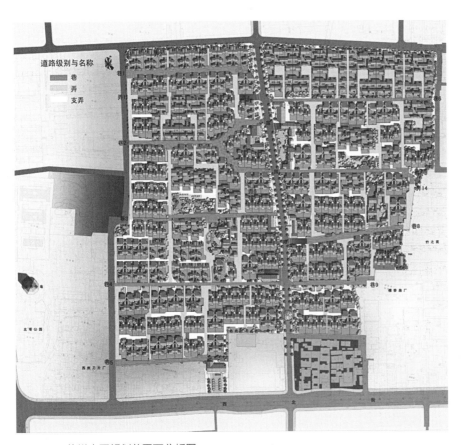

图6-12　苏州庭园规划总平面分析图

图6-13 "苏州庭园"设计效果图

## 6.5 小结

若仅仅停留在对传统园林表皮形式的研究上，表层化的肤浅理解是短命的、不长久的，须在一个"文化的层面"上对待园林构筑作品，也只有基于对中国传统文化内涵的理解，基于对中国古典建筑空间精神性、景观空间结构性的深层化思索与新的实践，当然也包括理论性的实验型模型研究，才能真正把握传统之于现代的真正意义之所在。如同朱小地在《"收"并不为"藏"——在文化废墟中淘金》中指出："在中国传统建筑文化中，建筑和人被作为一个整体来对待，这就形成了建筑与人的共生关系，建筑形式之于人没有强烈的压迫感、影响力，只以一个轻松的'间'的组合来应对千变万化。因此，过度追求单体建筑或城市形象的雄伟、奇丽就如同用色彩和造型能力去评价中国画一样，不仅毫无价值，而且会造成国人对城市与建筑认知方法的扭曲。"[8]

**注释：**

[1]［法］米歇尔·柯南. 穿越岩石景观——贝尔纳·拉絮斯的景观言说方式［M］. 赵红梅 等译. 长沙：湖南科技出版社，2006：11.

[2] 朱光亚. 中国古典园林的拓扑关系［J］. 建筑学报，1988（8）.

[3] 王庭蕙，王明浩. 中国园林的拓扑空间［J］. 建筑学报，1999（11）.

[4] 沈语冰. 20世纪艺术批评［M］. 杭州：中国美术学院出版社，2003.

[5] 常青. 建筑学的人类学视野［J］. 建筑师，2008（6）.

[6] 周琦、高钢. 建筑的复杂性和简单性——建筑空间与形式丰富性设计方法探讨［J］. 建筑师，2007（8）.

[7] 陈从周. 续说园［J］. 同济大学学报，1979（4）.

[8] 顾铮. 毁灭的迷恋·花鸟的迷恋［J］. 读书，2006（11）.

[9]《建筑创作》杂志社. 茶话·建筑［M］. 北京：中国建筑工业出版社，2005.

[10] 童寯. 江南园林志［M］. 北京：中国建筑工业出版社，1984.

[11]（明）计成著，陈植注释. 园冶注释［M］. 北京：中国建筑工业出版社，1988：56.

[12] 童寯. 园论［M］. 天津：百花文艺出版社，2006：19.

[13] 邵忠，李谨. 苏州历代名园记·苏州园林重修记［M］. 北京：中国林业出版社，2004：100.

[14] 汉宝德. 中国建筑文化讲座［M］. 北京：生活·读书·新知 三联书店，2006：188.

[15] 梁思成. 中国建筑史. 天津：百花文艺出版社，2005.

# 下篇  空间案例聚焦

徐雁飞

# 第7章 "历史沿革与空间形态"
## —— 网师园空间形态演化的个案聚焦（一）

近千年来，网师园承载了形形色色主人的生活，这些生活对网师园中留下了或多或少的影响，其中有些痕迹，直到今天仍清晰可辨。本文从网师园历代主人中抽取了五个记载较详细，研究价值较大的阶段，从主人的背景和性格、主人在园中的生活方式、主人对网师园的改造内容和方式几个方面进行研究，分析了各个阶段空间的特征。

江南私家园林是中国古典园林中最具艺术特色的一大类型，我们今天行走其中之时，其空间丰富，构造精巧，总是让人赞叹。今天，我们进行现代建筑设计的时候，也经常会从园林中汲取灵感，但是由此得出一个结论——如果我们完全掌握了明清文人园的"空间句法"之后，就可以创造一个全新的文人园，显然是可疑的。一直以来，我们在有意无意之间，都以用现代的审美角度去认识私家园林，而以西方建筑理论为本原的设计体系，与中国私家园林设计和建造方式显然是有很大差别的。中国园林历史发展充满了不可预计性，充分反映了其所穿越的历史、文化、艺术、社会各方面的内容，对于中国传统社会中的文人这个特殊的群体的生活和性格更是一个突出而真实的记载，其建造过程充满了反复和细致的推敲，空间营造充满智慧和技巧。事实上，正是这种解读方法与创作方法的背离，使我们无法真正的去解读中国传统园林，这就迫使我们去追寻一种新的解读方式，一种读与写、欣赏与设计一致的、也更趋于本原的解读方式。[1]

网师园是苏州园林中的精品，陈从周誉之为"苏州园林之小园极则，在全国园林中亦属上选，是以少胜多的典范"。[2]网师园的"境界"和深厚的文化积淀，是经过了数百年时间的磨洗和几代人的努力才完成的。[3]它的建造过程与现代建筑完全不同，分析网师园，这个过程是不可以被忽略的，忽略其历史沿革和生活情态，仅就一个空壳进行研究，是不够全面的。本章旨在通过对江南私家园林中一个非常优秀的个例——网师园所做的细致探究和分析，以研究园子的主人及其生活方式和对园子所做的改造为线索，总结、归纳园林作为一个特别的空间类型，所具有的空间构成法则、所承载的生活方式和建造方式对其空间的影响，提出一种阐释园林的角度，以加深我们对于网师园和园林这个整体对象的理解。

由于网师园早期留下的图像资料有限，目前所知的最早的图像资料是载于《苏州园林名胜旧影录》中的一张瑞典教授喜仁龙来中国考察的时候所拍摄的月到风来亭的照片，而关于网师园的平面布局最早的是童寯先生在1937年左右遍访江南园林时绘制和拍摄的，以及刘敦桢先生在新中国成立后所绘的网师园平面图，所以本文中所绘李氏及之前的网师园平面图均为根据现状和对于历史沿革的考证所做的推断，最大程度上贴近园林的真实情况，但是并不代表真实的情况，而是为了说明其历史沿革情况以及对其空间进行研究时的辅助理解手段。

## 7.1　历史沿革

网师园作为一个园林精品，不是一朝一夕形成的，也不是一代、两代人建成的，网师园已有近千年历史，这段历史是由很多个层次组成的。这些层次互相影响，共同作用，才形成了今天的网师园。我们"得从史源学年代学的角度，做深入地研究和考证。考清她的历史变迁，剖取一个纯真……为此我们别无他法，还得从头开始，一一检阅披寻一切相关的历史文献，进行原典阅读和史源学考证，并且按着历史编年的序列，走进年代学考证。"[4]研究网师园，不可能忽略它的历史沿革仅谈现状，否则将是不全面，不准确的。而研究一个园子的历史沿革，自然也就离不开它的主人，本章就以网师园的历代主人为线索，将其历史沿革做一一梳理（图7-1）。

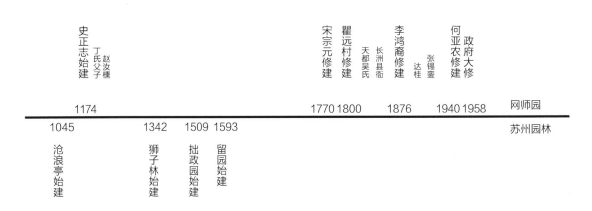

图7-1 网师园历史沿革时间轴

### 7.1.1 史正志

南宋淳熙（公元1174～1189年）初年，吏部侍郎史正志建万卷堂，隐居于此，著有《菊谱》，堂前曾有花园一座，"当时称'渔隐'"[5]。

在关于网师园始建情况的史料中，只提到宅及花圃，并没有建筑的具体名字，"正志，扬州人，造带城桥宅及花圃"[6]。万卷堂这个名字，第一次见于明代王鏊所著《姑苏志》，"万卷堂，侍郎史正志所居，在带城桥南，旧有石记，为僧磨毁。"所以推断万卷堂应该是当时史氏宅中的主要厅堂。史氏始建网师园的时候耗资巨大，"计其费一百五十万缗"[7]。按照北宋时期的物价水平来看，一缗约等于现在的二百元[8]，一百五十万缗也就相当于现在的三亿元。再看史正志刚刚搬来网师园中的情况，"发运初归时，舳舻相衔，凡舟自葑门直接至其宅前，用发运司按纸粘窗，煮粘面六七石。"[7]所运来的东西要"舳舻相衔"，光是糊窗纸用的面就有六七石，可以想见当时这组建筑的规模有多大。再参照三亿这个大概造价来算，当时史氏宅应该不只一个建筑，而是有一组建筑，只是记载中就只有万卷堂这个名字。而"渔隐"这个名字，第一次出现是在清乾隆年间钱大昕记载宋氏网师园的文字中，"盖托于渔隐之义"[9]，是在史氏宅之外的一个相对独立的花圃。

史正志所著《菊谱》署名曰：淳熙岁次乙未闰九月望日，吴门老圃叙。当时他应该是已经居住在"渔隐"中了。"淳熙初宅成"[7]，考虑到一个园子的建设所需要的时间，可以推断网师园在1174年建成，但是在那之前就已经开始建设了（图7-2）。

## 7.1.2 丁氏父子及赵汝櫄

史正志的宅子和花圃并没有繁盛多久，"仅一传，圃先废。宅售与扬州丁卿昆季，仅得一万五千缗。绍定末，丁析为四，其后提举赵汝櫄占为百万仓籴场"[10]。始建时声势浩大的史氏宅才传了一代就坚持不下去了，花木之事本就是一岁一枯荣，不经心打理的话很容易荒废，"花圃先废"也就是很自然的事。丁氏只用了始建造价百分之一的价格就将宅子买了下来，一分为四指的也就是宅子部分而不是园圃，丁氏之后这个宅子又变成了一个官家仓库。

从图中可以看出宋《平江图》[11]上已经可以看到标注很明显的沧浪亭，图7-2成于1229年，也就是网师园建成约50年之后，网师园却并没有见载于此图，可见网师园在当时的苏州城市里面并不是一个特别重要的地位，也没有什么名气，不可与沧浪亭相比，更不可以与今天相提并论。一方面，一个园子的成长是一个比较需要时间的过程，植物等都要一定时间的成长才能达到比较好的景观效果，再加上当时经历了这三代主人

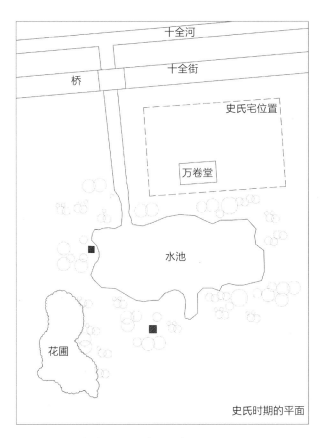

图7-2 史正志时期网师园布局示意图

之后，网师园已经处于一种四分五裂的状态。花圃也已经废了，应该说基本上已经不存在了。

于是，在史正志之后，网师园经历了这两次属权的变迁后，便消失在人们的视野中了。

## 7.1.3 宋宗元

钱大昕在《网师园图记》中记载："曩卅年前，宋光禄悫庭购其地"。钱作记为乾隆六十年，故宋宗元是于清乾隆三十年（1765），购得万卷堂旧址一部分，营筑别业，以网师自号，兼取史正志"渔隐"旧义，且与所在王思巷谐音，名园为"网师园"。

宋宗元是苏州人，少时曾住在网师园附近，当官当到光禄寺少卿的时候，"以太夫人年老陈情，飘然归里"[12]。他的朋友评价他"其以养亲归也，有隐居自悔之志"[13]。虽然是因为奉养母亲，但其本人也有隐居的意思。

宋宗元"赋十二景诗，豫为奉母宴游之地"[12]。可知当时园中至少有十二处景，至于园中具体的厅堂名目，主要见载于苏曳《养疴闲记》。[14]

"苏曳《养疴闲记》卷三：'宋副使悫庭宗元网师小筑在沈尚书第东，仅数武。中有梅花铁石山房，半窠居。北山草堂附对句'丘壑趣如此；鸾鹤心悠然。'濯缨水阁'水面文章风写出；山头意味月传来。'（钱维城）[15]花影亭'鸟语花香帘外景；天光云影座中春。'（庄培因）[16]小山丛桂轩'鸟因对客钩辀语；树为循墙宛转生。'（曹秀先）溪西小隐 斗屠苏附对句'短歌能驻日；闲坐但闻香。'（陈兆仑）[17]度香艇 无喧庐 琅玕圃附对句'不俗即仙骨；多情乃佛心。'（张照）[18]"

另外曹讯先生对此时园中厅堂也曾有有过一些考证。

宋宗元著有《经巾纂》一书，自序称"一行作吏，雅俗殊轨"，"薄书之旁，偶参剩简"；轮蹄之会，间扶残篇。因知是居官时公事和宦游之暇所作。序末题"乾隆辛未夏五梅花铁石主人宋宗元悫亭甫识。"辛未为乾隆十六年，作者已自称梅花铁石主人，用的是唐代名相宋铁石心肠而有《梅花赋》的典故。凡造园林先定厅堂为主，宋宗元的网师园正是以梅花铁石山房为主堂。《经巾纂》一书扉页右栏题"元和宋悫亭辑"，左栏题"尚网堂藏版"。尚网堂之名虽不见于后来的网师园十二景中，必定为园中主要厅堂。[4]

当时网师园中的主要厅堂有以下几个：梅花铁石山房、尚网堂、濯缨水阁、小山丛桂轩、半巢居、北山草堂、花影亭、溪西小隐、斗屠苏[19]、度香艇、无喧庐、琅玕圃等。其中梅花铁石山房和尚网堂应该是园中主要的厅堂（图7-3）。

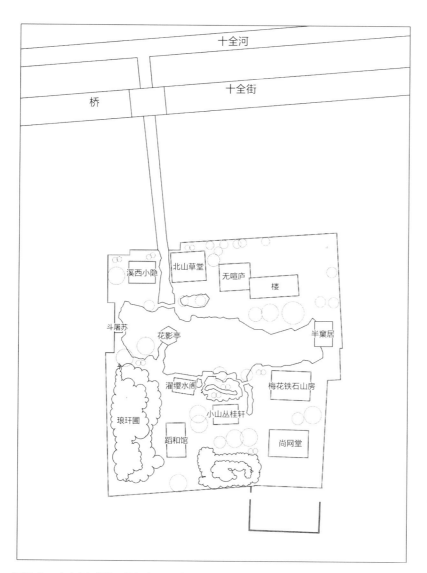

图7-3 宋宗元时期网师园布局示意图

后来宋母病逝，宋宗元"再上长安，授天津道，鞅掌王事，而田园之乐荒矣"[13]，乾隆四十四年，六十九岁的宋宗元去世。儿子宋保邦因一桩官司输掉大半家业。网师园里的住宅卖予他人。宋氏网师园四十余年，仅传一代，待其子求售之时，已经破败不堪。[4]

## 7.1.4 瞿远村父子

"宋宗元最迟在乾隆十六年即为网师园定名，宋宗元母亲卒于乾隆三十年，宋守制之后复出，后卒于乾隆四十四年，钱大昕作记为乾隆六十年，故瞿远村最迟购园于乾隆五十九年。"[4]阊门外抱绿渔庄庄主瞿远村路过网师园，见一片荒凉，为之叹息，遂买下整治。褚廷璋《网师园记》中记载"增置亭台竹木之胜，已半易网师旧规，至于园中高下位置，憩息凭眺，随处适宜。若梅花铁石山房、小山丛桂轩、竹外一枝轩、月到风来亭、濯缨水阁、蹈和馆、集虚斋、云岗诸胜。"

瞿远村不仅保留了宋氏网师园的旧名，也保留了很多的建筑名，如梅花铁石山房，小山丛桂轩，濯缨水阁，另外新出现的由瞿远村命名的有蹈和馆，月到风来，云岗，竹外一枝，集虚。而瞿氏网师园的建筑名称中大多都是保留至今的，我们今天所看到的网师园也大致是以瞿氏网师园为雏形的。

瞿氏为了表达对前一任主人宋宗元的尊重，只称网师园八景，比宋氏时少了四景，以示谦恭。其实瞿氏时期的园中建筑，还有其他几个，曹讯先生在《网师园的历史沿革》这篇文章中曾做详细考证：

"潘奕隽《小园春憩图为瞿远村》有'滋兰堂外岚翠浓，濯缨水阁下晴光溶'之句，朱《网师园主人索题绝句六首》之五注云'五峰书屋为园中最胜处。'滋兰堂和五峰书屋都在八景之外。韩《赋网师园二十韵》称颂月到风来亭、看松读画轩、树根井、竹外一枝轩、小山丛桂轩和濯缨水阁，这其中的看松读画轩和树根井也是在八景之外。潘锺瑞《香禅精舍集·香禅词》《满庭芳·外舅琢堂先生其章招游网师园容斋良斋两内兄偕》云：'珑玲环绕遍，濯缨水阁，娄尾春庭，问主人何处万卷横？看竹还应感旧，滋兰种又冷，余馨斜阳外，渔歌一曲，前梦网师醒。'词尾原注：'园本史氏万卷堂旧址，瞿氏始筑滋兰堂，今又易姓矣。凌波榭、濯缨水阁、娄尾[20]春庭皆园中额。'潘锺瑞此词及词注中提到的凌波榭和娄尾春庭两处景名，又是在八景之外。"[4]

所以瞿远村时期的园内建筑有如下几个：梅花铁石山房、滋兰堂、濯缨水阁、小山丛桂轩、月到风来、竹外一枝、蹈和馆、云岗、集虚、娄尾春庭、五峰书屋、看松读画轩、树根井、凌波榭、琅玕圃（图7-4）。

## 7.1.5 天都吴氏及长洲县衙

瞿氏之后，约道光十八年归天都吾氏，太平天国咸丰十年攻下苏州，同治二年十二月，清军收复苏州，收拾网师园做了长洲县衙，借梅花铁石山房为判事厅。[4]在这期间网师园基本上还是保留了瞿氏时期的风格。原因主要有两点，一方面，归于天都吴氏的时候，正直太平天国和鸦片战争战乱时期，社会不稳定，建设比较少，而且由于网师园地处苏州东南隅，比较偏僻，所以在战乱中所受的破坏也比较少。另一方面作为县衙来说，当时身处乱世，将县衙置于网师园，也是权宜之计，政府应该是没有精力去修园子。

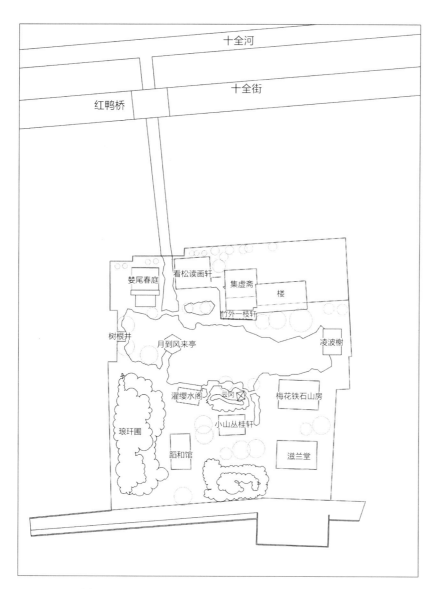

图7-4　瞿远村时期网师园布局示意图

## 7.1.6　李鸿裔父子

网师园在同治年间作了长洲县衙以后，再一次易主是在光绪二年（1876年）归了李鸿裔。李鸿裔（1831~1885）字眉生，号香岩，四川中江人。因耳鸣重听请开缺，赏布政使衔，到苏州闲居，购得网师园，以近沧浪亭而改称苏邻园。

李鸿裔到网师园后，第一步是封掉了瞿远村时期的水门，填池西侧筑墙，形成了殿春簃小院。光绪二十二年（1896），李子李少眉填池东侧增建撷秀楼。[21]经过这两次填池造楼之后网师园的布局已经基本与现在的网师园相同了。其中主要厅堂有以下几个：万卷堂、撷绣楼、轿厅、濯缨水阁、小山丛桂轩、竹外一枝轩、月到风来亭、蹈和馆、集虚斋、云岗、殿春簃、五峰书屋、看松读画轩（图7-5）。

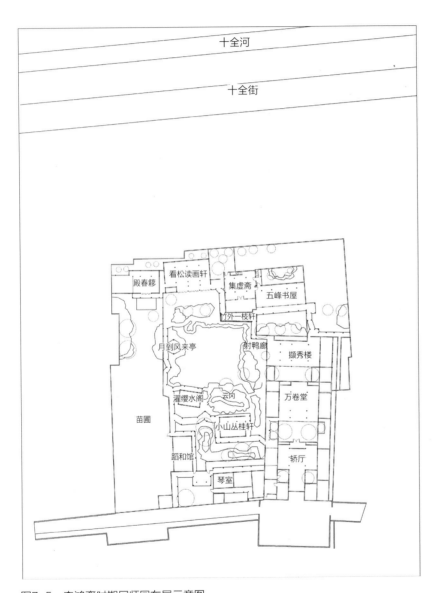

图7-5　李鸿裔时期网师园布局示意图

## 7.1.7 达桂

光绪三十三年，也就是增建撷秀楼之后的十一年（1907年），网师园归正黄旗吉林将军达桂，整修。达桂，字馨山，吉林长白人。清光绪间将军，参加过庚子、辛丑年间抗御外敌的若干战役。后退居苏州，住网师园。

达桂对网师园大的格局基本没有改变，主要是整修。达桂有《网师园记》云："丁未嘉平，余始来此园，水木明瑟，池馆已荒，以芟以葺，乃复旧规，颇得庚子小园寂寞人外之意，然每当花晨月夕，无故知往还，辄悄焉寡欢。""时宵深烛炮，往往说前事以为笑乐，或循池走，倚石而歌，琅玕琅玕震屋辟，与泉声相唱和也。"[22]

## 7.1.8 张锡銮

1917年张作霖以三十万两银子购得此园，易名逸园，赠湖北将军张锡銮。园中又筑琅玕馆、道古轩、殿春簃、箩月亭诸景，别有趣胜，尤以十二生肖叠石为他处所无。[4]

1932年，暨南大学附中部迁苏，部主任曹聚仁居此园，同年，国画大师张善子、张大千流寓苏州，曾借住网师园，与叶恭绰同居一园近四年[23]。抗战爆发离去[24]。

## 7.1.9 何亚农及之后的修复、扩充阶段

张氏花园之后的主人是一位近代名人何亚农。"1940何亚农买有此园，延请能工巧匠，亲手擘画，花费三年时间，对屋宇、亭台、园池、假山以致门窗家具等，做了全面整修，复又充实文物、字画，增植花木，遂使旧园为之焕然。"[25]（图7-6）。

何氏一家在十全街南另有别宅，平时并不多到网师园中，多是闭门谢客。何亚农1946年故去，夫人王季山1950年故去，子女将网师园捐给国家。

1957年左右曾驻军。1958年部队撤离，苏州医学院附属医院占用大部，曾拟毁园办厂。同年，文化部文物局、同济大学教授陈从周与市园林管理处同来调查，力主修复。4月，园林管理处接管，迁出医院与8户居民，拨款4万元抢修。10月动工，抢修月到风来亭；新建梯云室及庭院；砌墙分隔西部内院，增辟涵碧泉、冷泉亭等；精心配置家具陈设。东邻圆通寺法乳堂也划归该园使用。1959年9月开放游览。"文化大革命"初，易名友谊公园并一度关闭，家具陈设、匾额对联遭受破坏（图7-7）。

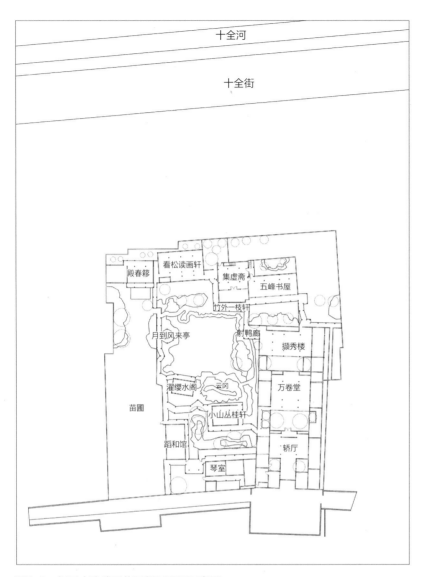

图7-6 何亚农改建后的网师园平面示意图

　　1974年稍经修理，重又开放并恢复旧名。[23]1979年，经国务院特批，中国古典园林专家陈从周教授推荐一座以网师园殿春簃为蓝本的"明轩"庭园确定方案，由苏州古典园林建筑公司承接，经过在苏州五个月的紧张施工，庭园的全套预制构件顺利完成，运往美国。1981年将法乳堂及庭院扩建为"云窟"。1989年，网师园南大门全面维修揩漆，同时对照墙内泥土地进行整改，改成石板地，南大门与1989年下半年对外开放。1997年，网师园办公楼开始使用。网师园列入世界文化遗产名录。2001年，扩建露华馆茶室部分。原来的这间古宅因为桃花坞大街拓宽

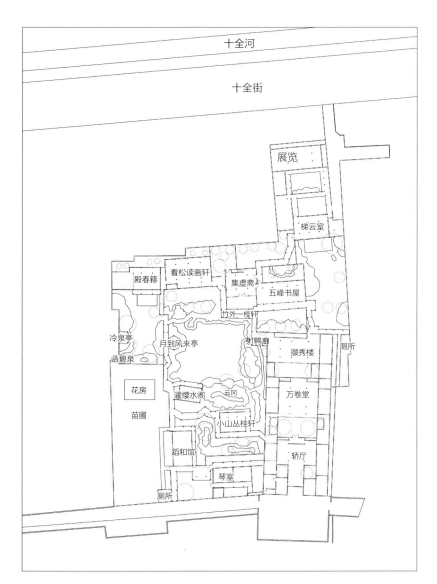

图7-7　1958年大修后平面布局示意图

改造，处境尴尬，网师园管理处，花了10多万元把它买下来，并先后花费一百多万元，历时七个月，进行了整体移建。前后种植芍药牡丹。[26]

目前，网师园中主要的厅堂有以下几个：撷秀楼、万卷堂、轿厅、濯缨水阁、小山丛桂轩、竹外一枝轩、月到风来亭、蹈和馆、集虚斋、云岗、殿春簃、五峰书屋、看松读画轩、梯云室、云窟、露华馆、函碧泉、冷泉亭。

### 7.2.1  郊野宅园

（1）主人——颇识草木的退休官员、文人

史正志，高宗绍兴二十一年（1151年）进士，官至吏部侍郎，建造网师园的时候任江浙湖淮广福建等路都发运使，《吴中旧事》称"发运初归"。发运史[27]这个官职相当于现在的大型垄断国企的老板，是个肥缺，或者也正因为此，他才能以在当时看来也是一笔巨款的一百五十万缗，大手笔兴建网师园。

（2）园林选址

1）便利的水上交通和流淌千年的活水

苏州城市自古河道纵横，水上交通发达。网师园初建之时，"故老说…舳舻相衔，凡舟自葑门直接至其宅前"，我们可以在苏州最老的地图《平江图》（绘于网师园建成后50年左右）[28]中找到文献中所提到的这条河（图7-8），而从这条河通向网师园的支流以及支流上的桥也都清晰可见。所以网师园始建时主要入口是在园子北侧的水门，使用的也主要是水上交通。这条河就是一直留存到现在的十全河，是网师园的生命之源。它对网师园重要性主要体现两个方面：便利的水上交通，以及与城市河道直接相通的活水。这两个因素特别是后者，对一个园子能否存活下来，是非常重要的。这也是当时史正志选择这个位置建园的重要原因之一。现存的大多数苏州园林都是与城市河道相近或者直接相通的（图7-9），从另一个方面说明了活水对一个园子的重要性。

2）远离市井的郊野之地

计成《园冶·园说》开篇即点明了园林选址的首要原则，"凡结林园，无分村郭，地偏为胜"。虽然关于史正志对网师园的选址的原因并无记载，当时周边的具体环境也没有直接文献描述。但是宋元时期，苏州城市发展主要是集中在城中区，"城墙内侧地带除了有部分兵营，驿馆和贡院外还是很荒凉的，大多为空闲地，特别是古城的西北角和东南角"。[29]网师园所处的东南角区域是比较荒凉的苏州郊区，也是苏州建城初期为战时满足城内百姓粮草供应的南园所在。选择这样一个远离市井喧嚣的清静之地，应该是选址时除了水和交通之外的另一个重要因素。

网师园建于沧浪亭后约一百年，那时沧浪亭已经名声在外，关于这个园子的描写是很多的。

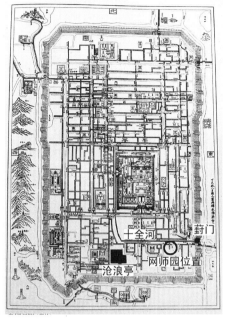 

图7-8 平江图中网师园的位置（标注自绘）　图7-9　苏州园林与城市河道的关系

苏舜卿对于选择沧浪亭所在位置建园的原因，做了比较详细的描述。"一日过郡学，东顾草树郁然，崇阜广水，不类乎城中。并水得微径于杂花修竹之间，东趋数百步，有弃地，纵广合六十寻，三向皆水也。矼之南，其地益阔，旁无民居，左右皆林木相亏蔽……'坳隆胜势，遗意尚存。予爱而徘徊，遂以钱四万得之。"[30]

文中所记当时沧浪亭所处的环境是一个"草树郁然，崇阜广水，不类乎城中"的地方，与现在所处街巷纵横、人车拥挤的市井之地有很大的区别。而网师园和沧浪亭两个园子不管是建造时间还是空间位置上都是相隔甚近的，所以不妨根据沧浪亭作如下推测：与其处于同一时代的网师园的环境应该也是草木繁盛，河道纵横，人居较少的状态。综上所述，网师园始建之初，所考虑的水、交通、环境等方面的因素，及其对自然基地的利用，反映了园子始建者选择基地、对待基地的态度，这是一种明显有别于今天设计界盛行的"人定胜天"忽视基地微妙自然特征的观念。

3）园中的生活情态

自称吴门老圃的史正志是个菊花专家，自称"颇识草木"[31]，中国第一部菊花专著《菊谱》就是他写的，他还在自己养老的园子里面种植当时在吴地亦属贵重的牡丹五百株。《吴中旧事》有记载："吴俗好花……而独牡丹、芍药为好尚之最，而牡丹尤贵重焉……史正道发运家亦有五百株"。除了对草木很有研究之外，史正志也颇有诗才，有《清晖阁诗》。而史氏宅中的"万卷堂环列书四十二橱，写本居多"[7]。从万卷堂这个名字和堂中所藏众多的书来推断，史正志是一个好读书之人。所以根据以上分析，关于史正志居住在网师园中的生活情态，可以确定的有两种，种花和读书。

4）郊野宅园

计成在《园冶》中曾经对园林选址中的郊野地做如下描述，"郊野择地，依乎平冈曲坞，叠陇乔林，水浚通源，桥横跨水，去城不数里，而往来可以任意，若为快也。"网师园的选址恰是这样一块地，虽然此地偏处苏州一隅，但是河道交通方便，距离城中心又不过数里，既可安享田野之乐，不受市井之扰，又满足生活方便的需要，可以说是园址的上佳之选。根据前文对始建时期园中建筑布局的研究，将史正志时期网师园空间形态表示如图7-10，园北侧直接与十全河相连的水门是当时的主要入口。史氏宅的主要部分在水面的北侧，南侧是"渔隐"花圃。史氏宅与渔隐花圃并存，居住与花园相对独立，网师园在始建之初就具备了一个宅园功能的雏形。从空间结构、功能布置角度看，这时期的园子对水的依托比较明显。水体在结合园主的两种生活情态（居住读书、种花）上，起到了既分割、又联系的作用，而且宅与园的分隔明显，自成体系，不像后期的园林，宅与园空间相互融合、联通在一起。

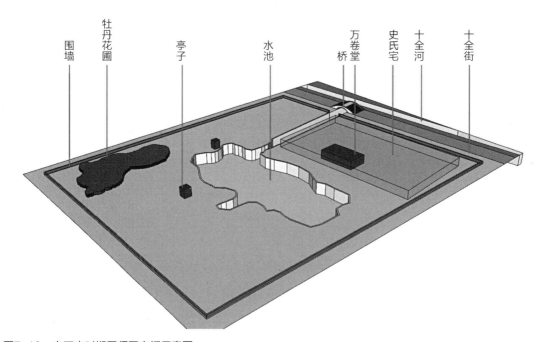

图7-10　史正志时期网师园空间示意图

## 7.2.2　疏朗别墅园

**（1）主人——具有文人气质的成功商人**

瞿远村，名兆，远村为其号，嘉定人，"自幼从商，读书勤敏，因家境中落，十五岁随父从商，助二弟学。致富后父劝捐官，兆不愿意捧檄趋走，而以园居为乐"[4]。晚岁得网师园，嘉庆十三年（1808年）卒[32]。瞿远村是一个文化修养较高，经营成功的生意人。性格"冲夷恬淡，不泼时俗，与山水之缘相称"[33]，"瞿在山塘街另有别业'抱绿渔庄'，'水竹环绕、亭馆幽靓，一树一石皆手自位置'"[4]。山塘街当时在苏州已经是非常繁华的商业中心了（图7-11），能够在那里拥有一个园子，可见他的经济实力很强，同时也说明他对经营布置园子有一定的经验，也颇有弄园之趣，并以之为乐。所以当他第一次见到"日就颓圮"的网师园，就一下子被打动了。"悲其鞠为茂草也，为之太息！问旁舍者，知主人方求售，遂买而有之"[9]。历史证明，有了瞿远村这位主人，是网师园的幸运。

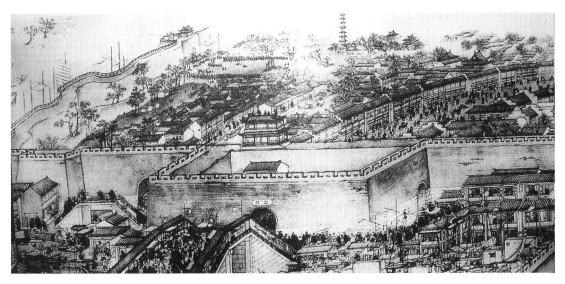

图7-11　清乾隆阊门内外繁华景象

**（2）设计建造——目营手画，现场设计**

瞿远村自己动手改造网师园，用的典型中国文人经营园林的方式。计成在《园冶·兴造论》中曾经强调主人对于园子的重要性，曰"世之兴造，专主鸠匠，独不闻三分匠、七分主人之谚乎？"[34]所谓"主人"，计成再进一步强调"非主人也，能主之人也"。此主人不是指园子的拥有者，而是真正去进行园子规划设计的人。在瞿远村这里，使用者、设计者、建造者重合在一起，主人，亦能主之人。园中诸景皆"目营手画而名之"[9]，曹讯先生有过如下考证，"不仅瞿兆自己，他的两个儿子也先后参与动手整治，韩《赋网师园二十韵》诗注云'远村太守得是园重新之，令嗣邺亭、亦陶俱肯构焉。'[35]瞿兆父子俱通诗文，喜好书画。我国园林强调诗情画意的写入，精通诗文书画的园主人常常自己动手造园改园，一般又认为改园比造园还难。网师园在宋宗元时的基础上又经过瞿兆父子两代的不断努力，果然成为苏州园林的一个精品，嘉庆道光一直受到有识之士的高度赞扬。梁章钜[36]说'网师园结构极佳'……已经可称为苏州园林之冠了。"[4]

在对网师园的改造方式上，瞿远村与宋宗元有很大的不同。瞿远村是典型的现场设计，而宋宗元则并没有亲自参与网师园的改造和建设。"君在官日，命其家于网师旧圃筑室构堂……赋十二景诗，豫为奉母宴游之地。至是，果符其愿。"[12]从这段记载中看，宋宗元只是对网师园起到了一个远程调控的作用，赋十二景诗，对园子的总体格调做了一定的控制和设计，真正现场负责亭台楼阁，高下经营的，反而应该是他的那些文人亲戚和朋友们。

（3）园中的生活情态

1）会友宴请

宋宗元时期，网师园已经是城中文人聚会宴饮的重要场所了，主人"时或招良朋，设旨酒，以觞以咏。……指点少时游钓之所，抚今追昔，分韵赋诗，座客啧啧叹羡……"[12]宋宗元的姐夫彭启丰曾做《戊寅岁元夕网师园张灯合乐即事》，后宋宗元重新北上为官，网师园再度荒废时，彭启丰还曾经感叹"昔时丝竹之声，咏吟之会，不可复得"[13]。

瞿远村购得网师园后，"增建亭宇，易旧为新……既落成，招予辈四五人谈宴，为竟日之集"[9]。瞿远村是嘉定人，性格开朗，热情好客，在苏州有很多朋友，经常邀请很多文人前去聚会，吟诗作赋，除了满足了自身的雅兴，有了跟朋友交往的场所之外，这些辞赋也能很好的给自己带来一种文人气息，这对于一个读书勤敏，但是没有任何功名，自幼经商的有钱商人来说，是梦寐以求的。虽然瞿远村本人没有给网师园写下一篇文赋，但是有记载的关于网师园的诗歌和文赋中，关于瞿远村时期的是最多的。这一方面说明当时社会稳定，文人之间的这种在园中饮乐唱和的活动比较多。另外也可不排除是主人在刻意引导这种行为。

2）游玩赏花

网师园的花圃是从始建之时就有的，到瞿远村时期，这个花圃在园中的地位已经很重要了，成为了主人与朋友交流的重要媒介。嘉庆时范来宗有"看花车马声如沸"之句，梁章钜在他的《浪迹续谈》中也曾经提到，"余在苏藩任内，曾招潘吾亭、陈芝楣、吴棣华、朱兰坡、卓海帆、谢椒石在园中看芍药"[36]。清张京度有诗《网师园》曰"看取牡丹好颜色"。关于网师园赏花的文献记载有很多，可以想见当时，每年花开的时候，网师园中赏花是个多么重大的活动，去网师园中看花在当时看来，也是一件风雅之事，是苏州文人们交际的盛会。

（4）空间格局——清旷之境，畅怀舒眺

宋氏网师园已经是"有楼、有阁、有台、有亭、有沪、有陂、有池、有艇"[12]，然而中国传统木建筑易毁，一旦无人照料，草木一岁一枯荣，很容易破坏。到瞿远村买下的时候，已经是大半倾圮，惟池水一泓，尚清澈无恙。瞿远村"因树石池水之胜，重构堂轩馆，审势协宜，大小咸备，仍余清旷之境，足畅怀舒眺。"[33]倾圮，坍毁、倒塌的意思。圮，当毁坏、破裂解。所谓大半"倾圮"，指得应该主要是建筑部分，所以虽说瞿氏园"已半易网师旧规"[33]，但此处所指旧规应该是指瞿远村第一次见到网师园的破败状态。瞿氏主要是在园子本身的基础上，修葺并添建了部分建筑，而对大的格局并没有大的改变（图7-12）。

褚廷璋《网师园记》中称"迨乾隆丁未秋奉讳旋里……园方旷如……"待瞿氏修建完毕之后，冯浩《网师园记》称赞其"仍余清旷之境，足畅怀舒眺"。钱大昕也称"石径屈曲，似往而复；沧波渺然，一望无际"[9]。如图7-13戴熙画拙政园图，时间是1836年，与瞿远村拥有网师园的时间很接近，从当时拙政园的空间形态上也可以一窥网师园的情况。

从使用功能和具体的布局上来说，园中主要的建筑都围绕中心水面布置，构成园中最主要的功能区——宴乐区。园中也多了很多以水命名的建筑，如濯缨水阁，凌波榭，月到风来亭，树根井等。长条形的水面将网师园分成南北两组建筑，水池已经成为景观的中心。

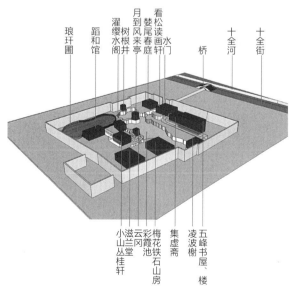

图7-12 瞿远村时期网师园空间示意图图

图7-13 戴熙画拙政园图（清道光十六年——1836年）

（5）别墅园——第二居所，居住为次

瞿远村在苏州拥有多处房产，他是一个比较富足的士绅。"昔日中国，每个园主都力图模仿文人园林，富家与暴发户每每将他们的市墅乡居频事修茸，以竭力使之有文人气息，美轮美奂。若不是因为富有而是因为文化情趣而得到好评，他们就深感受宠……除了能为主人提供一个逃避世俗烦恼和日逐日竟的场所之外，也能很好的提高主人在文人骚客中及乐于无所事事者之间的地位"[37]。瞿远村作为网师园的主人，所持有的正是这种心态。毕竟网师园那个时候已经有了史正志和宋宗元两位赫赫有名的主人，也有了一定的名气，底子也不差，所谓古木难成，雕梁易构，即便是有些建筑倒塌了，仍有一泓清水可人，加上其本身的文化底蕴，对瞿远村来说，网师园是个再恰当不过的，提升自己在文人骚客这个圈子里面的地位的好道具。

一年之中他在这个园子待的时间并不多，这个园子对他来说是一个可以向人炫耀的收藏品，只不过这个藏品还可以用来做招待客人的客厅，可以借以向别人展现出自己所具有的文人气息和良好修养。"别墅园即建在郊野地带的私家园林，它渊源于魏晋南北朝时期的别墅、庄园……游憩、休闲……单独建置在离城不远、交通往返方便，而风景比较优美的地带……主人往往并不经常居住"[38]。对瞿远村来说，网师园正是这样一个别墅，居住功能比较弱，在瞿远村拥有网师园的时间里，他主要在网师园里面进行的是一些宴会和朋友相聚的唱和，而绝少住在这里面。这个时候的网师园不是一个典型的宅园，而应该是一个别墅园。园内空间疏朗，景物数量不多，整体性强，不流于琐碎。大面积的水体造成了园林空间的疏朗气氛。植物配置也是以大面积丛植为主，没有以建筑而围合或划分景域的情况，园林布局总体来说，虚处大于实处，偏于疏朗。

## 7.2.3　封闭宅园

### （1）主人——客居异乡的退休幕僚

"李鸿裔（1831~1885）字眉生，号香岩，四川中江人，退休后闲居苏州。李鸿裔四十不出，闭门却扫，未见有亲友来园中游宴赋诗。"[4]李鸿裔跟网师园之前的主人都有所不同，在苏州可谓客居异地，没有特别多的朋友，所以宴饮也就少了很多。宋宗元从小就在网师园附近长大，而且在苏州有很多亲戚朋友，沈德潜，彭启丰等等，瞿远村是嘉定人，在苏州还有其他的宅子，有一个交往活跃的文人朋友圈。

"李本来工书法，能作诗，但是不见有优游园中流连光景的抒情记事之作。月到风来亭和琴室西廊壁镶嵌他的书条石十余块，大都是从前官场应酬给人家写的扇面。"[4]李购得网师园时为光绪二年，1876年，卒于1885年，晚年好佛，卒年五十五岁，他在网师园中居住了九年。光绪二十二年（1896），也就是在李鸿裔去世之后的11年，李少枚才在网师园中增建了撷秀楼。

（2）园中的生活情态

1）颐养天年

李鸿裔曾是很受曾国藩钟爱的幕僚。李鸿裔受到他很大的影响，身处官场，必须懂得畏惧，性格比较谨慎。他的一生始终是在如履薄冰、如临深渊的心境中度过的。他一生奔波，四十不出，李少枚是他的养子，虽然对于当时居住在园中具体的人口数量已经不可考，但是可以肯定的是，在这离家乡四川千里之外的苏州，网师园是李鸿裔一家老小唯一的居所。因为居住功能的加强，自李氏开始，网师园从一个文人们聚到一起风花雪月的园子变成了柴米油盐寻常见的宅子。园中曾经兴盛一时的唱和之事自然也就销声匿迹了，所常见的可能只是一个退休老人在园中颐养天年、尽享天伦的情景。

2）闭门却扫、修身养性

李鸿裔并不是一个江南文人，这一点上跟网师园前两代主人宋宗元、瞿远村也是有很大不同的。从李鸿裔的职业生涯来看，他主要是个武官，曾任兵部主事，参与镇压太平军、任淮扬徐兵备道、江苏按察使。一路武官做来，一直到最后才做了闲差布政使衔，直到最后退居苏州。这之前，并没有在苏州生活过，没有受到苏州当地文化的熏养，江南园林对于很多江南文人的意义对他来说都是没有的。

李鸿裔所做《苏邻园元日雪与儿侄辈作》中称，"养庸谢客生清昼，笑看冰柱排风檐"。"养庸谢客"是李鸿裔在园中主要的生活状态，一方面他本身就不是个很爱交际的人，再加上身处异乡，网师园只是他自己远离世俗，修身养性的场所，网师园的高墙对他来说是一种很好的，对外界的隔离。

（3）空间格局——不懂园者无心之作

如果说瞿远村是改园的行家里手的话，那么李鸿裔父子就是不懂园者了，从李鸿裔给网师园改名字这件事就可见一斑了。网师园始建时名"渔隐"，后宋宗元时定名为网师园，也是跟最初的"渔隐"有异曲同工之妙，后虽然经历了几代主人，但是一直都没有改过名字。而瞿远村也曾经因为沿袭旧名被广泛称赞。李鸿裔是第一次改名字的，附会苏舜钦的沧浪亭，改名苏邻小筑。事实上网师园这个名字所承载的是这个园子的主题，失去了这个名字，园子也就少了很多的意境和联想，失去了它原来泛五湖垂钓的隐士形象，而显然李鸿裔并不懂得这其中的道理。

曹汛先生在《网师园的历史变迁》中将李鸿裔父子对网师园所作的改造称为是"很大的硬伤"、"大煞风景"、"荒唐"，颇有痛心疾首之意。其实如果理性分析李鸿裔父子对网师园的动作，也许不是那么的一无是处，因为这也是他们根据他们当时在网师园中的生活情况，所做出来的比较合理的改造。这些改造主要体现在三个方面：填了两块水面，增建了一栋撷秀楼，以及加了一面内墙将园子西部隔出了一个内院。经过李氏父子的改造之后，网师园的格局已经与现在差不多了。

1）内墙和内院的出现

"李鸿裔来住网师园，是在光绪二年。现存网师殿春簃匾额是他所题，并书跋云'庭前隙地数弓，昔之芍药圃也。今仍补植，已复旧观。光绪丙子四月，香岩造记。'丙子为光绪二年……李鸿裔一住进网师园就先整建殿春簃"[4]，并加建了一道墙，将其与中心庭园隔离，独立成为一个相对更加安静的小院（详见图）。对于这样做的原因，可以做以下的推测：第一种可能性是园主人需要一个更加安静的读书的地方。殿春簃的对联给我们描绘的正是这样的一个场景："镫火夜深书有味，墨华晨湛字生香"。另一种可能性是园主人需要更多的院落，李鸿裔一家老小全部都住在这个园子里面，与网师园之前的主人相比，居住在园中的人口数量多了很多。隔墙的出现，将原来比较大的空间进行了划分，使园中出现了一个更深的层次。这之后，历代主人围绕这面墙，以及这个内院和中心庭园的关系反复推敲，最后才形成了今天网师园比较完美的状态（图7-14）。

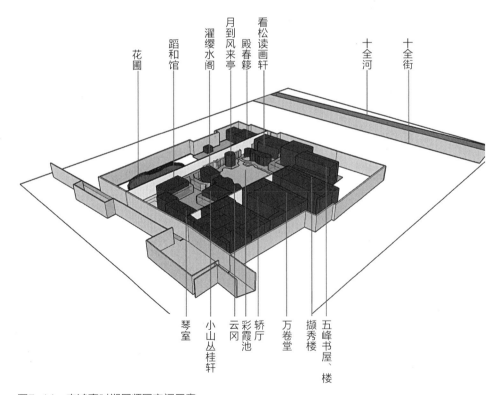

图7-14 李鸿裔时期网师园空间示意

2）水面的缩减和水口的消失

李氏废掉了原来通向城市河道的水口，这一点与瞿氏时期有很大的区别，李鸿裔与苏州城里的人交往比较少，对水路交通需求较少应该是一个重要的原因。水口的消失和跟城市河道直接联系的切断，在一定程度上是削弱了水面的方向性和流动性。再加上周围建筑的围合，使网师园里的水面逐渐变成了一片安静的水面，波澜不惊。

3）大型住宅建筑的出现

李氏在网师园中所插入的一组规整的、中心对称的高大院落，一方面在园子功能上加强了居住这部分，网师园成了真正意义上的宅园（图7-15、图7-16）。另一方面它的出现使得原本"奥如旷如"[9]的网师园变得比较局促，缩小了原来"沧波渺然，一望无际"[9]的水面。这种做法对原本疏朗的网师园显然是一种破坏，但是也要看到，正是这种做法才成就了后来的精巧细致。大宅子面向中心水面的硬山墙，现在已经成为网师小院里景观最美的几处地方之一，这片静止的，在视觉上没有任何延伸的墙面是网师园成为一个安静的小院的重要原因，就像一个扇面，或者一副绢帛，前面的亭子，假山，紫藤，恰好构成了一幅很美的画面。应该说，这种做法将本来一个很不利的因素处理的比较恰当。

（4）宅园——居住为主

网师园是李鸿裔一家上下在苏州唯一的居所，李鸿裔在园中居住就长达9年之久，他的儿子在园中居住的时间也超过20年。根据李氏父子对网师园的改造来看，此时的网师园已经彻底演变成了一个居住为主、园子为辅的宅园，有非常规整的三进轴线对称的高大住宅。对于网师园来说，李鸿裔是一个非常重要的主人，他对网师园的改造使疏朗的院内空间开始变得封闭和局促，

图7-15　李氏插入的大型住宅建筑鸟瞰

图7-16 住宅部分西立面处理

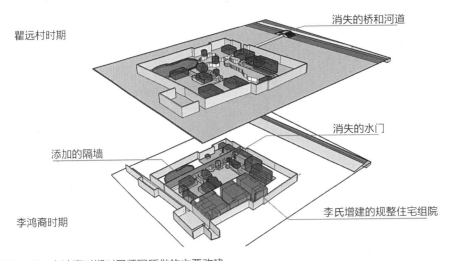

瞿远村时期

消失的桥和河道

消失的水门

添加的隔墙

李氏增建的规整住宅组院

李鸿裔时期

图7-17 李鸿裔时期对网师园所做的主要改建

并开始注重居住的功能，是网师园走向一个精致宅园的重要阶段。此时园中的重点已经不是水面，而是围绕水池的建筑部分，园中空间的框架已经不是由水面决定，而是由建筑和隔墙组成的实体框架构成。园中景物较多，总体布局上实体大于虚体（图7-17）。

## 7.2.4 通透宅园

网师园到了何亚农做主人的时候，功能上又恢复到了瞿远村的别墅园阶段，何氏拥有网师园的时间不过六年，而且何氏在苏州另有宅子，所以，一年之中在网师园中逗留的时间并不太多，何氏对待网师园的态度更像对待是一个藏品，偶尔拿出来看看，大多数时间只是养在深闺人未知。但是经过了李鸿裔的改建之后，网师园在布局上已经变成一个典型的宅园了。李氏之后，网师园的历代主人并没有对它进行特别大的改建，1907年居于此的黑龙江将军达桂也只是对其进行了整修。所以虽然在具体的功能上是一个别墅园，但是在建筑布局上还是一个典型的宅园。

（1）主人——文化功底深厚的新式文人

网师园的最后一位私家主人所幸是一位真正懂得网师园的人。何澄，字亚农，先号两渡村人，在那个动荡的年代是一个多方面都很出色的人物。一方面他有深厚的中国传统文化，是一个书画、文物鉴赏和收藏家，同张善子、张大千等大画家是过从甚密的好朋友。[39]从他后来对网师园几笔看似轻描淡写却举足轻重的改建上，就可以看出他的功底。另一方面，身处多事之秋，他又是一位在军、政、商界都屡有建树的社会翘楚。曾赴日留学，跟随孙中山参加同盟会、辛亥革命，并在沪军都督府任第23师师参谋长。1912年8月，何澄退出军界，回到苏州定居，在十全街建造了自己的第一所私宅"二渡书屋"。从1940年购得已经破败的网师园[25]，到1946年去世，拥有网师园共6年。

（2）空间格局——文化大家的点睛之笔

何亚农对网师园的改动不是很大，却都是点睛之笔。他做的看起来都是些小事情，文献记载中只有一句，"复'网师园'旧名，改'竹外一枝轩'为敞轩，拓宽'射鸭廊'，辟'殿春簃'洞门，前镶'谭西渔隐'旧题，背嵌手书'真意'二字。"[24]然而对网师园的影响却可谓深远。

1）复"网师园"旧名

何亚农对网师园的第一个改动就是复"网师园"旧名，这个改动的意义是非常大的，一个园子的名称能够表达的意义远远高于名字本身，尤其对中国园林而言。私家园林自古以来就是私家财产，园中亭台楼阁皆可随主人心意改动，名字也不例外，而"网师园"这个名字能够一直沿用至今，一方面说明的是网师园历代主人对于历史的尊重。从人们对瞿远村沿袭旧名的评价就能看出来。"统循旧名，不矜己力。其寄情也远，其用心也厚"[40]，"而复不欲以气力掩抑前人，吾又以知远村之不没网师，而因以著传于后无疑也"[33]。另一方面也说明这个名字能够恰到好处的体现园子的意境，是园名的不二之选。

2）改"竹外一枝轩"为敞轩

"竹外一枝轩"第一次见于记载是在瞿远村的时候，轩名取意于苏轼《和秦太虚梅花》中"江头千树春欲暗，竹外一枝斜更好"。瞿远村的时期，这个轩不是一个完全封闭的轩（图7-18）。从王昶的《网师园杂咏》中所咏的"竹外一枝斜，仿佛花光画。准拟风雪中，小轩共清话"的描写来看，在竹外一枝轩里面，向外看去，应该是比较宽阔的水景，如花如画，是可以直接看得到水面的。以至于诗人打算找个风雪飞舞的日子，在轩中喝一杯小酒，跟主人共清话一番。

从网师园50年代修复前的照片来看，那个时候的竹外一枝轩是有那种现代风格的外推玻璃窗的，如图7-19所示，正面和侧面的窗都是有的。何亚农的后人是在1950年将网师园捐献给国家的。在1958年之前的八年时间里面，开始是闲置状态，1957年左右曾用做军营，这八年是刚建国的时候，百废待兴，而且那个时候，政府对于古典园林的价值显然认识还不够，所以才会出现驻军、毁园办厂这类的事情，所以可以推断，在这八年里面，对于网师园的修建工作应该是几乎没有，58年大修之前的竹外一枝轩大致就是何亚农改了之后的样子，与现在相比还是有很大的分别。现在更加开放，只有柱子，完全没有窗户。

所以也就可以推测，在瞿远村之后的几位园主人，也就是李鸿裔父子，天都吴氏、长洲县衙、达桂、冯氏、张锡銮这几位，后面三位在园中居住的时间很短，张锡銮甚至都没有住过，达桂住了4年，天都吴氏的记载很少，作为长洲县衙的时候，正是兵荒马乱，修整的可能性不是很大，所以分析下来，最有可能将原本开放的竹外一枝轩改成封闭的轩的是李鸿裔父子，而这种推断也符合李鸿裔父子在苏州的行为特征和心理状态，以及他们对于网师园的一系列的改造手法和模式。

图7-18 竹外一枝轩现状

图7-19 1958年整修前竹外一枝轩照片

从瞿远村时期，到李鸿裔时期，再到后来的何亚农，新中国成立后，竹外一枝轩经过了从较开敞——封闭——开敞——更开敞的过程。这其中反映的是几代园主人对园林空间的不同理解，这正是园林现场施工特点的体现，在一百多年里面，由不同的人拆了又建，建了又拆，是个很有意思的过程。

开敞的竹外一枝轩以一个开敞的虚面面对水面，一方面低矮的轩遮挡了后面高大的二层建筑集虚室，有使建筑后退的效果，不会对水面造成压迫感，这对本来就不大的彩霞池来说是非常重要的。

3）拓宽"射鸭廊"

"射鸭"是古代宫中的一种游戏，在花园水池中放养水禽，宫女以藤圈投套。射鸭廊这个名字在瞿远村时期还没有出现，第一次出现是在关于何亚农对网师园的改造记载，所以推断这个名字大概出现李鸿裔时期，而且这个名字本身反应的就是诸多女眷的生活场景，符合对李鸿裔时期园中生活情态的推测（图7-20）。

拓宽后的射鸭廊变成了一个亭子（图7-21）。强调了从撷秀楼到园子的这个入口，从立面效果来看，也将东侧高大的山墙略有打破，配合假山、爬藤，构成了一副很美的山水画（图）。强化了从射鸭廊、月到风来亭两点之间的视线关系（图7-22）。同时，从真意洞口看出去，顺着三折桥的第二折的方向看过去，视线的终点也是刚好落在射鸭廊上（图7-23、图7-24）。

4）辟"殿春簃"洞门，前镶"谭西渔隐"旧题，背嵌手书"真意"二字

曾居于网师园的曹聚仁在《吴侬软语说苏州》中提到："1932年春天……后来移住在网师园（张家花园）……我住过的网师园，其曲折变化，远在沧浪亭之上。其中总有十多处院落，各自成一体系…我们住的是芍药花的园囿，总有二亩多大。"[41]曹先生所说两亩多大的芍药花的园囿，就是殿春簃，那个时候这个院落还包括现在露华馆的部分，与中部水景相对隔离，入口是

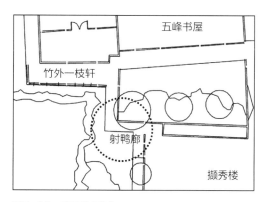

图7-20　李氏射鸭廊

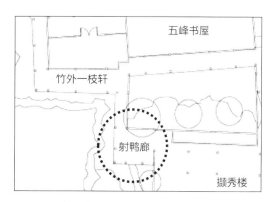

图7-21　何氏拓宽后的射鸭廊

第7章　"历史沿革与空间形态"
——网师园空间形态演化的个案聚焦（一）

159

图7-22 视线一：撷秀楼向外穿过射鸭廊看对面月到风来亭

图7-23 视线二：真意洞口向外看射鸭廊

图7-24 视线三：五峰书屋前廊穿过竹外一枝轩看谭西渔隐洞口

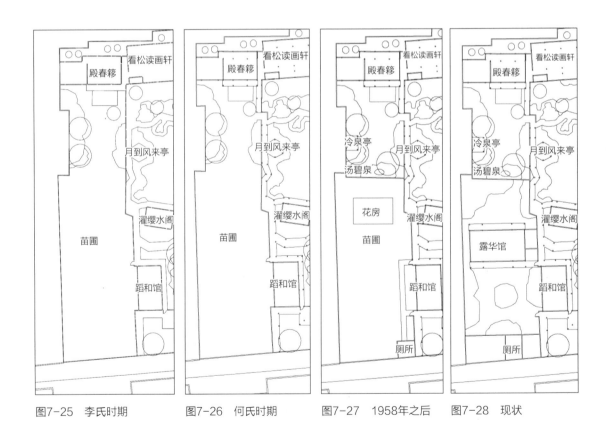

图7-25 李氏时期

图7-26 何氏时期

图7-27 1958年之后

图7-28 现状

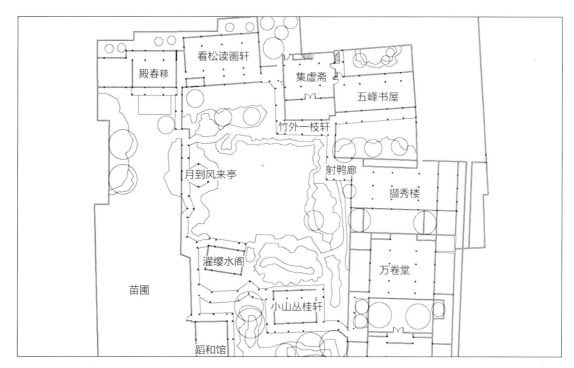

图7-29　何亚农所做的改动对园中视线的影响

从蹈和馆和濯缨水阁之间的门进入的（图7-25~图2-28）。何亚农辟这个洞门的意义在于打通了中部水区与殿春簃联系，开通了园中的两条重要的视线关系（视线二、三）。分出了主次，而且将过长的流线弯折之后，增加了空间体验过程的丰富性与节奏感。前镶"谭西渔隐"旧题，暗含了始建者史正志"渔隐"及宋宗元时"溪西小筑"的意思，正所谓此中有真意，欲辩已忘言（图7-29）。

## 7.2.5　公共私园

### （1）使用者与改建者的分离

自从何氏后人将网师园交给国家之后，网师园就结束了其近千年私家园林的历史，在权属上它不属于任何个人。之后网师园做过军营、医院、甚至差点被毁建厂，也曾被改名友谊公园。它已经完全对外开放，成了真正意义上的公园。掌握网师园改建和维护的是政府和相关管理部门。真正使用这个园子的人是每天络绎不绝的游人，这几十年，网师园承载了也许是它过去近千年人流量的总和（图7-30）。

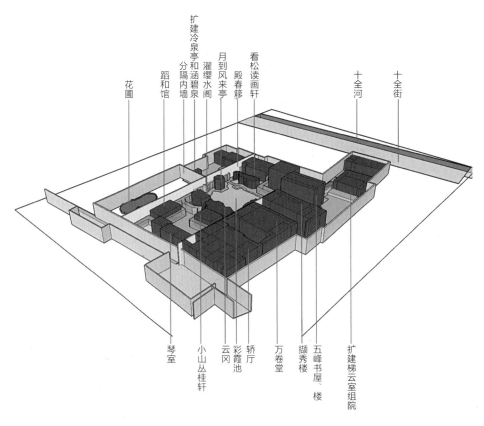

图7-30  1958年大修后网师园空间示意图

（2）园中的生活情态

1）使用者数量的激增

昔日的私家园林成了一个公园，每天承载着大量的游客，完全超出了网师园空间设计的承载量，网师园内所进行的生活情态，是与其原来的功能完全不同的内容，这种不对等的生活情态和空间必然会发生一些矛盾，也会引发新一轮的空间调整。

2）居住功能的完全舍弃

网师园是一个宅园，从史正志始建的时候，就隐含了这样的性质，在近千年的历史变迁中，由于所有者情况不同，有的不需要居住在园中，园子的居住功能就会被减弱甚至忽略，有的主人需要一家上下全部住在园中，园子的居住功能就会得到加强，被凸现出来。但是现在的网师园，已经变成了一个公园，它本身就是一个展品，没有明确的主人，而真正的使用者也不会有居住的需求。所以，至此，网师园的居住功能被彻底舍弃。

（3）新功能，新网师园

1）新功能的出现

Ⅰ办公楼：这个办公楼是1997年，为了满足办公功能而购置的与网师园相连的民居改造而成。

Ⅱ纪念品商店：大量游客带来商机，纪念品商店应运而生，由与网师园相邻的法乳堂及其庭院于1981年改建而成。

Ⅲ茶室：原来的花圃不见了，移来了一座明显与网师园建筑尺度格格不入的露华馆（图7-31），变成了供游客休息的现代茶室。主人邀请三五好友，来园中品茗赏花，应该也是网师园中常见的场景，"丝竹之声，咏吟之会"[13]本是雅事，只是隔于这露华馆一角，没有风景可赏，与昔日三俩人，设一茶座于月到风来亭，眼前"沧波渺然，一望无际"[9]的情景，已经不可同日而语。

图7-31　露华馆茶室

Ⅳ售票：作为一个私家园林，其他人要进入，一般是要得到主人邀请的，而现在，只要付钱购买门票就可以，于是，售票窗口也就成了必需的了，这估计也是之前任何一个改建网师园的私家主人所未想到的，于是，在大门口的左侧，出现了一个售票窗口，对入口立面的破坏也是不可避免的了（图7-32～图7-37）。

图7-32　搬迁过来的露华馆明显尺度过大

图7-33　网师园南大门现状

图7-34 20世纪50年代网师园大门

图7-35 新增的功能区域图

图7-36 网师园中部鸟瞰

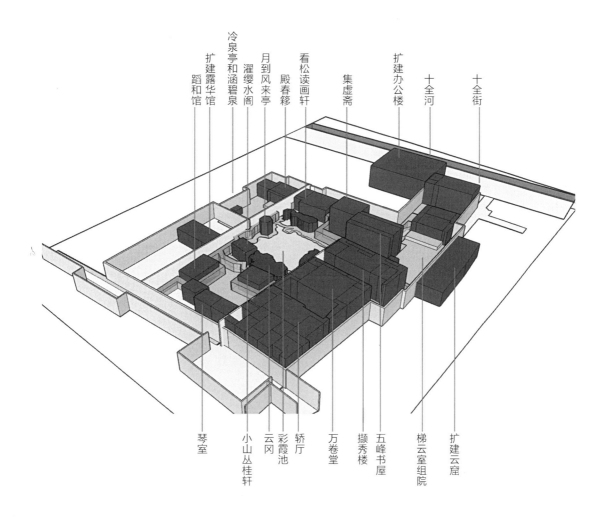

冷泉亭和涵碧泉
扩建露华馆
蹈和馆
月到风来亭
濯缨水阁
殿春簃
看松读画轩
集虚斋
扩建办公楼
十全河
十全街

琴室
小山丛桂轩
云冈
彩霞池
轿厅
万卷堂
撷秀楼
五峰书屋
梯云室组院
扩建云窟

图7-37　现状网师园空间示意

2）消失的半亭——流线速度的控制

从童寯先生在《江南园林志》中拍的照片（图7-38）可以看出，在月到风来亭和濯缨水阁之间还有另外一个小半亭，网师园在1958年大修的时候，将半亭去掉了，这样的改动将这条流线上的一个停留点去掉了，可以使游客稍微快速的通过。因为同样一个园子，当它作为一个私家园林的时候，使用者数量是非常少的，主人在这个园子中的走道的通行速度可以是非常缓慢的，甚至对他来说，这个彩霞池周围并没有什么走道和停留点的概念，每一个点都是可以停留的。而现在对于一个已经变成了公园的园子来说，这条走道每天要通过的人数已经是过去的几百倍，而游人也不会在园子中很多位置停留。他们只会在几个比较关键的部位停留，而大多时间是处于一种通过的状态。在这种情况下，在不破坏园子整体气质的基础上，适当的提高通行速度是有必要的。然而因为这个半亭的位置是樵风径上的一个最高点（图7-39）。因此，虽然没有了立面上亭子顶的强调，但是在剖面的高差上，这个点依然在被强调着。另外，从樵风径的地面材质上也可以看出，在这个半亭和月到风来亭所在的位置，是这条路径上高差有变化的位置，在材质上使用的大小不一的碎石随意铺就，而在其他没有高差变化的位置则是用青砖平铺的（图7-40）。

图7-38　1958年大修之前的小山丛桂轩和樵风径中的半亭

图7-39　现状小山丛桂轩和樵风径

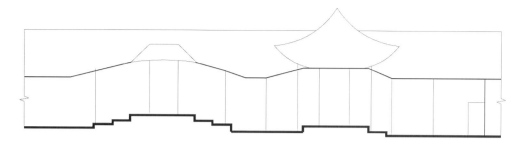

樵风径剖面（1958年之前）

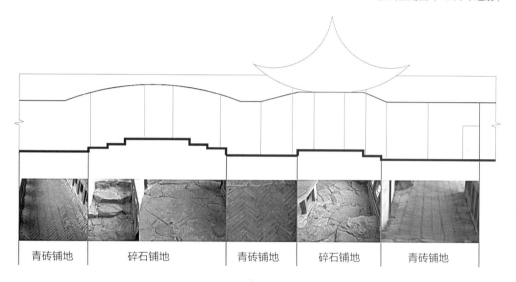

| 青砖铺地 | 碎石铺地 | 青砖铺地 | 碎石铺地 | 青砖铺地 |

樵风径剖面（5现状）

图7-40　樵风径剖面及其地面材质示意图

3）消失的树

所谓雕梁易构，古木难成，在苏州园林中，生机勃勃的植物对于没有生命的建筑环境来说至关重要，对比网师园的一些新老照片，会发现很多很繁茂的树木而今都已经不见了踪影。目前来看，至少有五棵树已经在网师园的修建和改建中消失了。

Ⅰ五峰书屋与撷秀楼之间的院子里的古木（图7-41、图7-42）。

Ⅱ濯缨水阁后面的古木（图7-43、图7-44）。

Ⅲ引静桥旁边的一棵斜着的树，伸到水面上去（图7-45、图7-46）。

Ⅳ月到风来亭旁边的古木（图7-47）。

Ⅴ殿春簃小院前的小树（图7-49）。

从这些对比图可以看出，树在园林中的重要性，它不仅仅是绿荫的提供者，它通常就是空间组成的重要部分，图7-41、图7-42可以看出外围高树对空间围合、边界层次的重要性，图7-45~图7-48，则可以看出树在景观构图上的重要性，这也提示我们，在中国园林中，是有一个整体观念的，即建筑与景物是相互依存的，建筑体与景物在空间围合上的作用，也是相互依存的，这也是与西方现代主义偏重建筑实体在空间上的作用，是不一样的观念与做法。

图7-41　五峰书屋前的大树（20世纪50年代图）　图7-42　五峰书屋现状

图7-43　濯缨水阁后面的古木（20世纪30年代图）　图7-44　濯缨水阁现状

图7-45 引静桥旁边的斜树（20世纪50年代图）

图7-46 引静桥现状

图7-47 1918年网师园园景

图7-48　网师园现状园景

图7-49　20世纪50年代殿春簃小院

图7-50　现状殿春簃小院

　　从图7-49、图7-50可以看出，在网师园由私家园林变成公园的过程中，为了给游客留出更多的停留空间和位置，所牺牲的宅前的小树。原来树的位置变成了平台，和可供游人休息的石凳。

## 7.3　小结

　　南宋年间网师园始建，是一个位于郊野之地的宅园；到清乾隆年间在宋宗元和瞿远村时期，建筑体不是很多，水面较大，空间是一种相对疏朗的状态，居住的功能不是很突出，这个阶段已经具备了现状网师园的雏形；李鸿裔的改建是网师园空间变革的重要阶段，奠定了现状网师园的基本格局，水面缩减，隔断增加，空间封闭性较强，居住功能加强，空间比较封闭；何亚农对网师园做了微小但是意义重大的改动，加强了不同庭院空间之间的联系；收归国有后，为了适应新的功能和大量的人流，增加了新的功能部分，也减少了一些原来的内容，网师园开始扮演公园的角色，园子的视觉意义增强。

---

**注释：**

[1] 黄一如，王挺.空间营造的非空间之道——从设计方法解读传统文人园.城市规划学刊.2008.3.

[2] 陈从周《看园林的眼·网师园》长沙：湖南文艺出版社，2007.7，页124.

[3] 曹林娣《卷却诗书上钓台——读网师园》苏州大讲坛，2009.1.10.

[4] 曹讯《网师园的历史变迁》，建筑师，2004.12，页104-112.

[5] 刘敦祯《苏州古典园林》，北京：中国建筑工业出版社，2005.11.

[6] 匿名《施氏丛抄》.

[7]（元）陆友仁《吴中旧事》.

[8] 详见李亚平《帝国政界往事·都是王安石惹的祸》中的考证.

[9]（清）钱大昕《网师园记》.

[10] 籴，买的意思，大致是变成了一个仓库。参见匿名《施氏丛抄》.

[11]《平江图》是我国现存最早的石刻城市平面图。制于宋绍定二年（1229年），距今760多年。平江，是苏州的别称。从北宋政和三年（1113年）至元末（1367年），苏州是平江府和平江路的治所，因而，苏州有平江城之称。《平江图》共标出359座桥梁，61个坊，264条巷，24条弄，67座寺观，其中许多地名沿用至今.

[12]（清）沈德潜《网师园图记》.

[13]（清）彭启丰《网师园说》.

[14] 详见陈从周先生的《苏州网师园》注.

[15] 钱维城（1720~1772），江苏武进（今江苏常州）人，官至刑部侍郎，供奉内廷，为画苑领袖。著有《茶山集》.

[16] 庄培因（1723~1759），字本淳，官至福州学使。雍正五年状元。《虚一斋集》.

[17] 陈兆仑（1700~1771），浙江钱塘人。雍正八年成进士。以知县分发福建，累迁太常寺卿。官终太仆寺卿.

[18] 张照（1691~1745）华亭（今上海市松江）人。康熙四十八年进士，五十四年入直南书房，官至刑部尚书.

[19] 屠苏，即草屋，平屋。斗，极小的意思，斗屠苏，也就是一间很小的草屋.

[20]（宋）陶毅《清异录·花》："胡峤诗'铒里数枝婪尾春'，时人罔喻其意。桑维翰曰：唐末文人有谓芍药为婪尾春者。婪尾酒乃最后之杯，芍药殿春，亦得是名。".

[21] 俞樾为撷秀楼题额，并书跋云"少眉观察大世兄于园中筑楼，凭栏而望，全园在目。即上方山浮屠尖亦若在几案间。晋人所谓千岩竞秀者，具见于此！因以'撷秀'名楼，余题其名。光绪丙申腊月曲园俞樾记。".

[22]（清）达桂《网师园记》.

[23]《沧浪区志》——第二卷（园林名胜）第一章（古典园林）http://www.szcl.gov.cn/da/showitemcommon.asp?articleguid=2dec8e57-84fe-4636-be66-9eff3d075eee.

[24] 邵忠，李谨选编.苏州历代名园记·苏州园林重修记.北京：中国林业出版社.2004.2，页325.

[25] 苏州网师园志稿编委会《网师园志》2008.

[26] 此部分资料主要来自于苏州网师园志稿编撰委员会正在编撰中的《网师园志稿》.

[27] 朝廷任命的"发运使"来统筹上供之事，以便"徙贵就贱，用近易远"，也就是哪里的东西便宜就在哪里购买。国库里面剩余的物资，则由"发运使"卖到物价高的地区去。这样两头都有差价，多出来的钱，就成为国家财政收入。这个办法，也可以说就是变"地方贡奉"为"中央采购"，所谓"发运使衙门"就变成了一家最大的国有企业，而且是垄断企业了。——易中天百家讲坛《王安石帮了腐败的忙》.

[28]《平江图》是我国现存最早的石刻城市平面图。制于宋绍定二年（1229年），距今780多年.

[29] 陈泳《城市空间：形式、类型和意义——苏州古城结构形态演化研究》南京：东南大

学出版社，2006.10，页43.

[30] 苏舜钦《沧浪亭记》，见载于翁经方，翁经馥编著《中国历史园林图文精选·第二辑》上海：同济大学出版社，2005.12，页18.

[31] (南宋) 史正志《菊谱》后序中记："余学为老圃而颇识草木者，因併书于《菊谱》之后. 淳熙岁次乙未闰九月望日，吴门老圃叙。"

[32] 苏州园林局志稿编委会网师园小组《网师园志稿》1986.

[33] (清) 褚廷璋《网师园记》.

[34] 计成原著，陈植注释.园冶注释.北京：中国建筑工业出版社，1988.5，页47.

[35] (清) 韩崶《还读斋续刻诗稿》卷二.

[36] (清) 梁章钜《浪迹续谈》卷一《瞿园》条.

[37] 童寯《园论》天津：百花文艺出版社，2006.1，页51.

[38] 周维权《中国古典园林史》北京：清华大学出版社，2008.11，页221~224.

[39] 何澄三女儿何泽瑛说过"凡过年，张大千总会派人送一幅画过来贺岁，当时，他与叶誉虎（叶恭绰）住在网师园里，每天写字画画。有时候，我们跟着爸爸去看他时，会用他的画作叠纸飞机，他从来不恼。"见http://www.booyee.com.cn/bbs/thread.jsp?threadid=268344&forumid=0&get=1.

[40] (清) 冯浩《网师园序》.

[41] 丁言昭《曹聚仁：微生有笔月如刀》，上海：上海教育出版社，1999.

# 第8章 "空间比较与类型抽取"
## —— 网师园空间形态演化的个案聚焦（二）

通过对网师园整个演变过程的纵向比较分析，主要研究了主人及其生活方式对网师园的主题、功能、空间、流线等方面产生的影响。主人性格和生活方式的变化直接导致了网师园中花圃的兴盛与消失，影响了耕读渔隐主题在园中的变化，且网师园的功能布局也是与园中的生活方式直接相关的，亦从类型学理论作为理论视窗以探寻网师园的空间建构形态。

## 8.1 五个代表阶段空间比较分析

### 8.1.1 网师园隐逸主题的演变

"上焉者意与境浑，其次或以境胜，或以意胜，苟缺其一，不足以言文字"[1]。上乘的文学作品，都是意与境浑然一体的，上乘的文人园也是如此。园林只有景而无意，那只能是花草、树木、山石、溪流等物质原料的堆砌，充其量不过是无生命的形式美的构图，不能算是真正的艺术。成熟的文人园林大多为"主题园"，正是因为有了深邃的立意，才能产生出永久的艺术魅力。"私家园林大多反映了在中国这个农业文明的社会里的心理选择：农、渔、樵作为中国传统文化的'一主二副'，成为士大夫文人心理最稳定、最安全的退路，其象征就是田园、江湖和山林。中国私家园林主题，以'不矜轩冕穷林泉'泛湖江河、回归田园为首选，苏州的沧浪亭、网师园、拙政园、艺圃等等都是隐逸江湖、归隐田园的咏叹。"[2]

（1）网师园耕读主题的没落

1）中国园林的植物造景传统

"《说文》解园：'囿，苑有垣也。一曰禽兽曰囿。圃，种菜曰圃。园，所以树果也。苑，所以养禽兽也。'中国人自古崇尚'自然之美'，推崇与山水相依、草木为伴、日月同辉。园林最早的雏形与植物、动物密切相关。圃最早产生于上古时代，是种植树木（多为果木）的场地……东周时甚至出现了用'圃'来直接指称园林，如赵国的'赵圃'。"[3]即便是在现在，仍有不少园林直接称圃，如"艺圃"。中国园林一部分就是脱身于种植植物的园圃，而植物造景在园林建造中一直都占据着重要的地位。

2）园圃所承载的耕读主题

网师园的雏形其实就是一个花圃，史正志死后，"圃先废，仅一传不能保"，然而这个花圃，在以后历届主人进行修缮的时候，都被保留下来了，到清乾隆宋宗元时期，网师园再次出现在人们视野中时，其中的琅玕圃，就是一个类似性质的花圃，"凡名花奇卉无不萃胜于园中"[4]。"自古就以农立国的中华民族，农在文化上占有崇高的地位，并影响士大夫的思想行为。读书做官不忘放归故里，失望愤世的只希图'长以耕者以没世'，武者也以'解甲归田'为最终愿望。"[5]。汇集名花奇卉于园中，可以"循陔采兰，凌波捕鲤"[6]，满足主人退出官场后寄情山水的梦想，这个花圃所承载的正是网师园的耕读主题。

3）园圃对主人的交际功能

除了精神方面的追求，园圃在整个园子中间还担当着重要的交际媒介的功能。交际一直都是园圃的重要功能之一，在文献中一直都可以看到这样的记载，元代陆友仁著《吴中旧事》中记："吴俗好花，与洛中不异，其土亦宜花……旧寓居诸王皆种花……习以成风矣；至谷雨为花开之候，置酒招宾至坛，多以小青盖或青幕以障风日，父老犹能言者，不问亲属谓之看花局。今之风俗不如旧，然大概赏花则为宾客之集矣"。花开的时候，呼朋唤友，吟诗作赋，共赏奇花异草，也是不乏炫耀之意。史正志时期的牡丹花圃在瞿远村时期保留了下来，根据园中匾额名称，推断此时的花圃名为媭尾春庭，媭尾，芍药的别名，这个时候花圃中主要种植的是芍药，"嘉庆时范来宗有'看花车马声如沸'之句"[7]，可以想见当时，这个花圃在园中的地位和作用非常重要，那个时候，花圃不是附属于园子，为园子提供花草的一个生产基地，它本身就是园子造景的一部分，也正因为此，在宋宗元时期，园中的亭子叫做花影亭，它的名字是以花取景的，而不是后来的月到风来亭，以水命名。除此之外，同园中的戏台和昆曲一样，花圃是主人交际的重要载体，一年一度花开的时节，是园中的盛事。

4）园圃的封闭和消失

李鸿裔时期，将园子进行了分隔，花圃的位置和现在的殿春簃一起被从主要景区分隔开来，成了殿春簃的附属院落，这个花圃对整个园子的造景作用大大减弱，李鸿裔给殿春簃的题款中提到"庭前隙地数弓，昔之芍药圃也。今仍补植，已复旧观。"可见当时这个花圃还是存在的，主要种植的还是芍药。但是从李鸿裔对网师园的一系列改造和他在网师园中闭门不出的生活状态来看，他是不需要这样一个开放的供众人观赏的花圃的。至此，自史正志时期就存在的花圃的大部分的功能已经消失了。后来曹聚仁先生所说的二亩来大的花圃，也是指这里。此时的花圃成为一个完全封闭的院落，与中心景区的交流不多。

新中国成立后，以墙分隔西部内院，这个花圃正式与殿春簃分道扬镳，成了一个单独的小院，并且建了一个花房。而与殿春簃应景的名贵芍药则种在了殿春簃的东墙下面。这个时候的花圃已经变成了一个生产基地了。专门为网师园其他地方培育花草。当然，这也是跟网师园目前的性质相关了，因为它已经不是一个私有的园子了，而且也早就不是一个花园了。再后来，到了2001年，网师园将原位于桃花坞大街的古宅搬迁进来，命名为露华馆，变成一个茶馆，原花圃功能挪至沧浪亭花圃，这个存在了近千年的花圃就彻底的消失了。

5）耕读主题的消失

从一个开放的、供人欣赏的，在整个园子的景观设置中占有重要地位的花圃，再后来被封闭起来，以至最后的消失。主要有以下几个原因：

a. 网师园功能的转换。由一个私家供人生活的园子，慢慢变成了一个公有的供游客游览的园子，原来的主人可以在花圃中种花养草，增加生活趣味，而现在的游人们来到网师园，已经不会再去种花养草了。花草，只是用来欣赏就好了，花圃也就失去了存在的价值了。

b. 主人生活状态变化。一个好客的，喜欢找很多朋友来宴饮游园的人，赏花自然也就是一个很重要的很好的呼朋唤友的机会。而对于一个闭门谢客，在苏州城市里面没有多少朋友的人来说，这样的花圃就可有可无了。

c. 历代主人对它的改建。史正志广植牡丹500株，宋宗元网罗名奇花卉，瞿远村呼朋唤友，李鸿裔填水隔墙，苏州园林局移建改建，使这个最初承载园子耕读主题的花圃彻底消失了。

**（2）渔隐主题的若隐若现**

网师园从始建至今已经发生了很大的变化，甚至可以说现在的网师园已经完全不是史正志当年始建时的样子了，除了网师园这个名字，还有传说中的史正志手植柏，此网师园已非彼网师园。对于网师园来说，从史正志时期保留下来的最有价值的大概就是这个名字了，那个时候这个园子叫做"渔隐"，也就是后来的"网师园"，这个是整个园子的意境所在，没有了这个东西，网师园的景色再美，空间再丰富，也都像是没有眼睛一样，没有神采。而这个名字所代表的那种"泛湖四海，退隐山林"的精神诉求正是网师园的精髓所在。这种精神性的追求始终贯穿在网师园的历史发展过程中。

从开阔疏朗的别墅园，到紧凑细致的宅园，再到开放的"公园"，这是网师园的发展历程，实际上也恰好是中国园林的一条发展历程，网师园只是这个过程中一个典型的例子。在这个过程，园林各个方面都发生了很大的变化，一方面建筑越来越多，"旷野之意"越来越弱，空间层次越来越复杂；另一方面，园林所代表和追求的、与生活情态密切相关的、中国文人式的精神方面的追求越来越弱，被观赏的视觉旅游价值、文物的历史价值越来越强。

1）渔隐主题

在中国的传统文化中，"渔樵耕读"一直都是最美好的隐逸方式，园名网师，即渔翁。网师园的隐逸主题，历经近千年贯穿始终，基地位置的水面，史正志始建所命"渔隐"花圃，已经定了这个基调，到宋宗元"园名网师，比于张志和、陆天随放浪江湖"[6]，"退隐江湖，泛舟四海"的渔隐主题已经彰显无疑了。沈德潜在《网师园图记》中这样说，"予读欧阳文忠公《思颖》诗，叹士大夫一执仕版，欲遂其山林之乐而不易得也。公留守东都，即思买田颖上，阅二十载愿迄未遂。"[6]暗指宋宗元实现了欧阳修一生都没有实现的隐逸梦想。随后的历代主人虽然对网师园有过大大小小的改建，但大多数都继续保留着网师园这个园名，可谓懂园者。瞿远村还因为保留宋宗元"网师"旧名，得到了当时舆论社会的一致赞扬，"统循旧名，不矜己力。"[8]"葺而新之，仍其故名，示不忘旧之意。"[9]"园已非昔，而犹存'网师'之名，不忘旧也。"[10]也可以看出，当时文人阶层对这个主题的认可。因为这个名字就是这个园子的主题，类似"题眼"的作用。可以提示这所园子的主题精神，也是所有景观展开深入的主题依据。

2）渔父形象的塑造

园林主人所说渔父并不是一般意义上的渔父，而是一个退隐林泉，临流结网，得鱼忘筌，乐天安命的世外高人。

宋宗元不仅在园名上继承了始建者史正志的"渔隐"主题，他为建筑取的名字里面，也是一些充满荒野气息的名字，如北山草堂、半窠居、斗屠苏，反应了他对樵耕山林、闲云野鹤生活的向往，尚网堂是当时园中的主要厅堂，溪西小隐也是当时的书斋，这两个名字则展现了一个自由自在、荒野垂钓的渔父形象。

渔隐主题到了瞿远村时期得到了加强，这与瞿远村的生活和成长经历有关，"瞿幼学敏勤，十五岁因家道中落，废学随父从商，助二弟学，致富后瞿父劝其捐官，兆骙不愿以捧檄为乐。"[11]虽然瞿氏并未在朝为官，但却是最懂得隐逸生活的人。濯缨水阁就是最精彩的一个名字，引自屈原《楚辞·渔父》："沧浪之水清兮，可以濯吾缨；沧浪之水浊兮，可以濯吾足"。屈原所塑造渔父形象可谓是中国传统文化中"渔隐"的鼻祖人物，一个山水中自由歌吟的渔父形象呼之欲出，而对联"曾三颜四，禹寸陶分"寥寥八个字所蕴含古代四位著名人物曾参、颜渊、大禹、陶侃修身养性、珍惜光阴的故事，提示了这是一位文化底蕴深厚，清高睿智的渔父。

这个主题在瞿氏之后的几代主人时期若隐若现，到李鸿裔时期改园名为"苏邻"，附会沧浪亭，可谓败笔，幸好到了何亚农时期，网师园又复旧名，书"谭西渔隐"洞门也是对渔隐主题的回应。

现状殿春簃院中鱼网纹铺地，"网"中的"荷莲游鱼"、与中部水池相通的"涵碧泉"，无不让人想到"渔父"这一形象。

纵观网师园历史沿革过程，渔隐主题因为不同主人的不同成长背景，对网师园的理解不同而忽隐忽现，但始终充当着园中景观主题的作用。

## 8.1.2　网师园功能布局的变化

在整个历史沿革过程中，网师园的具体功能并不是一成不变的，在不同的阶段，随着主人的生活状态的变化，有不同的侧重点，如图8-1所示。

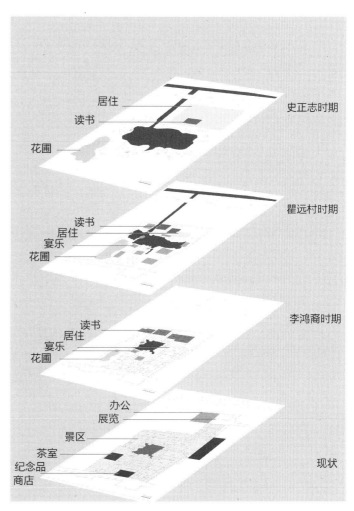

图8-1　网师园不同阶段功能布局的变化

（1）居住功能如图8-1所示，史正志始建时是有的，即"一宅一圃"中的宅，虽然具体规模不详，但是根据前文推断，这部分在当时园中占据比较重要的位置，具体位置和规模图中仅为示意。宋宗元构园"以养亲归"，当时园中已经有楼，应该是宋母所居，虽然不可考其具体名字，但是在宋宗元时期居住功能在园中还是存在的。瞿远村时期与宋宗元时期的建筑布局基本相似，图中所示，主要是宋宗元时期的遗留。网师园到了李鸿裔时期已经成为一个很典型的宅园，此时园中填池建楼，居住功能已经成为园中最重要的部分。现状网师园已经成为一个公园，居住功能被彻底舍弃。

（2）宴饮表演功能如图8-1所示。文人聚会宴饮，是江南私家园林生活方式中不可缺少的一部分，网师园也是如此。这种情况在宋宗元和瞿远村时期最为繁盛，在李鸿裔时期随着主人性格和在园中生活方式的变化而减少，直至现状完全消失。

（3）读书作画等功能如图8-1所示。作为一个文人，书房画室等功能，自始建时的万卷堂，在园中是一直存在的，在李鸿裔时期这部分功能被加强。现状的网师园，已经没有了这部分功能。

（4）花圃：史正志时期是最大的，以后逐渐缩减，直到消失。花圃的缩减也是与主人的生活方式有关的。

（5）其他功能，如纪念品商店、茶室、展览、办公等，是继网师园成为一个公园之后，出现的一系列公共服务功能和商业功能。

### 8.1.3　网师园空间的变化与分析

#### （1）所处城市环境的演变

关于网师园始建时周边环境，前文已有考证，南园是远离市井的郊野之地，周围人居稀少，古代苏州城市形态演变如图8-2所示（图中所示后期指的是宋元），可以看出，直到宋元时期，网师园所处的南园区域仍然是发展较慢的。这与当初苏州建城时的规划是有关的，南园区域是在预留战时供给整个苏州城市粮食水草的区域，所以一直建设比较少。

前期　　　　　　　中期　　　　　　　后期

图8-2　古代苏州城市形态演变示意图

随着社会的发展，苏州城市人口增多，清乾隆年间，网师园周边还是以农田为主（图8-3），到瞿远村成为网师园主人的时候（嘉庆年间），已经有"门外途径极窄"[12]的描写了，清同治年间，网师园周边的南园区域已经有了不少建筑（图8-4），到20世纪20年代（图8-5），当初草树郁然，崇阜广水的郊野之地已经是街巷纵横了。如图8-6所示，现在网师园的周围环境已经很少见大片空地了，网师园中的水面已经是这附近最大的一片了。

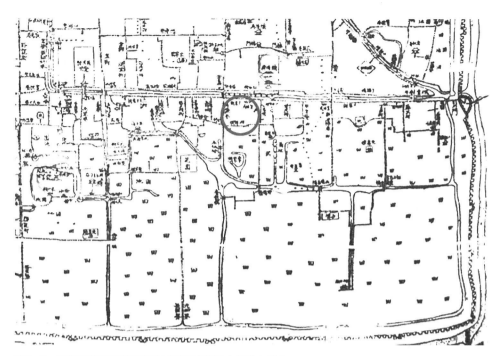

图8-3 清乾隆年间网师园周边环境示意图（标注自绘）

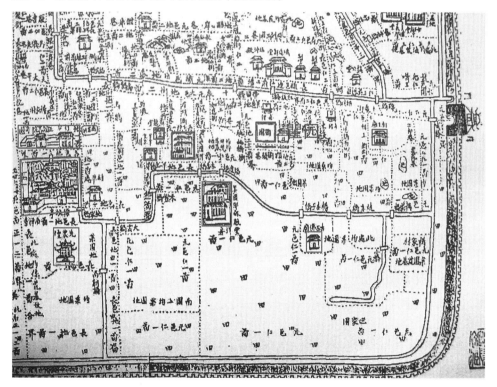

图8-4 清同治十一年至光绪七年（1872~1881年）之间网师园周边示意图（标注自绘）

图8-5　20世纪20年代的苏州古城鸟瞰

图8-6　现状网师园周边环境示意图（google earth 卫星图）

（2）水面缩减、水门消失

1）城市水系演变

苏州城市地下水源丰富，园林中的水大多是活水，与园外的河道相联系，有的是通过地面水联系，有的是以地下水的形式相连，大多数园林水面都会在池底凿井，以期与城市地下水相连，这样才可以做到涝而不溢，旱而不落，并且可以保持较好的水质。"苏州建城以来，至唐宋时城内水道体系已相当完备。据宋《平江图》测算，当时城内河道约82km。明代城内河道总长比宋代有所增加，是苏州历史上城内河道最长的时期。据嘉庆二年（1797）《苏郡城河三横四直图》测算，城内河道总长约57km，主干河道有三横四直。民国时期，又有部分河道填塞，城内河道总长减至40多公里。20世纪50年代起河道又继续被人为废弃，20世纪70年代利用河道修筑防空工事，严重打乱了古城水系。20世纪80年代后拆除防空工事，整修驳岸，基本保持和恢复了三横三直主干河道及部分支河的昔日风采。"[13]

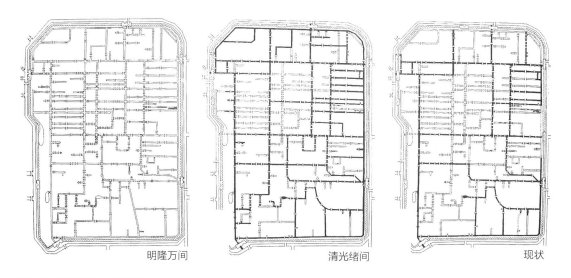

明隆万间　　　　　　　　　清光绪间　　　　　　　　　现状

图8-7　苏州古城内河道演变示意图

2）十全河

网师园从始建时就是与城市水系直接相连的，"故老说：发运初归时，舳舻相衔，凡舟自葑门直接至其宅前"[14]。滋养了网师园近千年的这条十全河是苏州城市中三横四直主河道中的一条。在平江图上明确的标记出了这条河，并一直存在到现在（图8-8）。

网师园历经近千年变迁，能够留存至今，不能不说是这条河道的功劳，正是这条流淌千年的十全河，网师园中的一方池水才没有干涸，在关于网师园的历代记载中，关于水的描写一直都没

图8-8 十全河现状 图8-9 带城桥现状

图8-10 20世纪20年代沧浪亭外景

有断过，"水木明瑟，池馆已荒"，"惟池水一泓，尚清澈无恙"，等等，而正是这一泓清水，使网师园在一次次的荒芜倾颓之后，又一次次被修葺，没有消失在历史的长河中。这一条河，这一泓清水，不仅给网师园带来了景观，更重要的是带给它生命。最初与城市河道直接相通的网师园，有水门可以坐船直接进入城市河道，直到20世纪20年代，通过水上交通游园依然是一种很常见的方式（图8-10）。

3）网师园水门

网师园水门到明代还是存在的，在关于明代苏州城内河道的图中清晰的标明由十全河向网师园位置的支流（图8-11、图8-12），在十全街上有桥名红鸭，说明明代网师园中的水是直接与城市河道相连的。而这种联系一直到瞿远村时期仍然是存在的，在这里引用曹汛先生的考证。

"瞿氏时候的网师园仍然保持着宋宗元时的水陆两个园门，水门仍可有渔舟游艇驶入。潘奕隽《小园春憩图为瞿远村》云'相从溪上斟流霞，科头时复来君家。'《网师园二十韵为瞿远村赋》云'途回宜巾车，濠通可理榜。'洪亮吉更有《网师园》诗云：'太湖三万六千顷，我与此君同枕波。却羡水西湾子里，输君先已挂鱼蓑。''城南那复有闲廛，生翠丛中筑数椽。他日买鱼双艇子，定应先诣网师园。'……苏州水乡水网纵横交织，四通八达，水路有更大的优势，他家在虎丘东山浜另有抱绿渔庄和摇碧山房两所别墅，更需要水路联系"[15]。

水系发达的苏州，水上交通很发达，作为一个文人经常聚集的场所，网师园也有这方面的需要。另一方面，苏州城市水网很发达，但水患也是千年不断，园林内部的水系与跟外界河道相连的，不管是明连还是暗连，都可以达到控制内部水位的作用。据网师园管理处工作人员介绍，目前对于网师园内的水体，管理方并没有采取特别的人工手段进行保养，水池的东南侧水口处的水闸并没有实际的功能，除了在1990年曾经进行过一次比较大规模的清淤之后，再没有进行过什

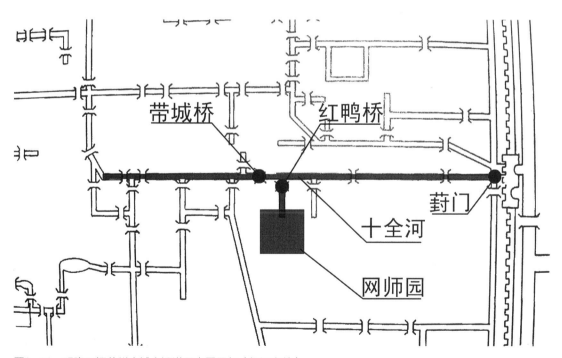

图8-11 明隆万间苏州府城内河道示意图局部（标记自绘）

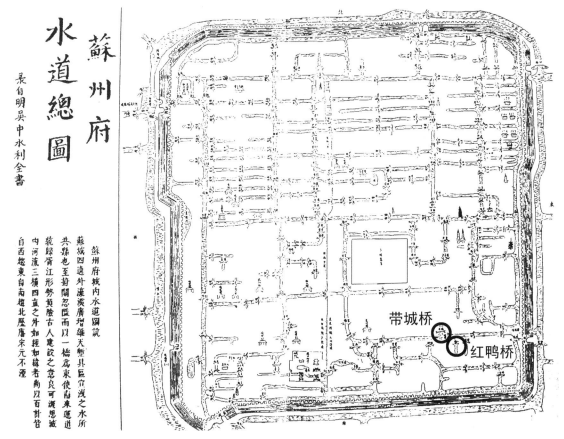

苏州府 水道總圖

录自明吴中水利全书

蘇州府城內水道圖說

蘇城四逺外濠渡廣增雄天塹其區官波之水所共繇也至勢關忽隘而以一楄爲來使南來運道築緑胥江形勢頁險古人建設之意良可渭思城內河流三橫四直之外如經如緯者尚以百計管自西秵東自南趙北歴唐宋元不湮

带城桥
红鸭桥

图8-12 明吴中水利全书·苏州府水道总图（标记自绘）

么养护，只是凭着自然的降水进行调节。天旱的时候，水位会随着外界的河道下降，雨季的时候也会相应的充盈些，但是从来没有干过，并且，这十几年以来，这片水水质一直都是保持得很好。这充分说明了网师园的水面跟外界城市河道虽然没有直接相连，但地下水却是相连的，而正是这种联系保证了网师园中的水质。

4）李鸿裔时期填池建楼，水面缩减

网师园水门的消失是在李鸿裔父子时间完成的，主要有以下几方面的考证。

a. 苏州另一名园"怡园"由顾文彬之子、著名画家顾承及其画友王云、范云泉、顾云及程庭鹭等共同设计，并从苏州园林中寻找蓝本，有集众锦于一园的特点，其中的水池便是效仿网师园。怡园建于同治年间，从怡园的现在的水形来看，是一个由大小两个水面组成的（图8-13）。所以瞿远村时网师园的水面也应该是一个长条形的，才能够成为怡园的模板（图8-14）。

b. 瞿远村之后的几位主人，天都吴氏、长洲县衙拥有网师园的时间都不长，且正值社会动乱，对网师园改动较小。达桂只在园中居住了四年，张锡銮根本没有来园中住，何亚农对园子主要是一些小的改动。而李鸿裔父子在园中居住时间比较久，曾经填池建撷秀楼，再加上前文所述李鸿裔父子在苏州城的生活状态，闭门却扫，与苏州城里的人甚少交际，封掉水门，比较像是他们对网师园的做法。

c. 殿春簃庭院西南角有泉一泓，上有一石镌"涵碧泉"三字，是1958年整修时挖出。搜剔其下果得清泉，与中部池水有脉相通。这也充分证明了网师园西院中的水跟中心景区是相连的，而且这一片水大概一米见方，深邃清澈，虽然跟外界的水面没有任何连接，据网师园管理处的主任介绍，这片水面虽然没有采取任何的人工维护和保养措施，但是水质甚至比外面的大水池还要好，而且水面也随着外面水池的水量变化而变化。由此更加说明了网师园两块水面的相连性，并进一步验证了网师园水面原来是一大块的推断。

图8-13　苏州怡园水体形状

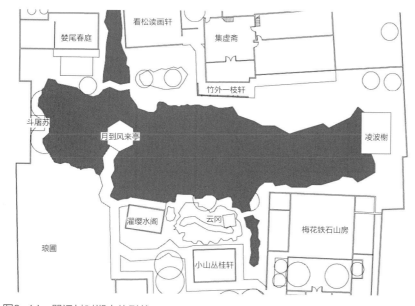

图8-14　瞿远村时期水体形状

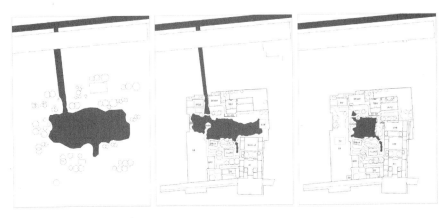

图8-15　网师园水体演变图

（3）水面缩减之后对网师园空间的影响

1）原水门位置空间的交接处理

封掉水门的影响，首先就是看松读画轩与殿春簃之间的交接。看松读画轩是一个四开间的建筑，这与传统建筑对奇数开间的平面的追求是相悖的，当然，在园林中，建筑的布置是可以相对自由的，"厅堂立基，古以五间三间为率；须量地广窄，四间亦可，四间半亦可，再不能展舒，三间半亦可"[16]。在园林中，并不一定要遵守三间五间的格局，而是由基地决定。正如四开间的看松读画轩的出现，不是一开始就设计好的，而是网师园历史变迁的结果（图8-16、图8-17）。

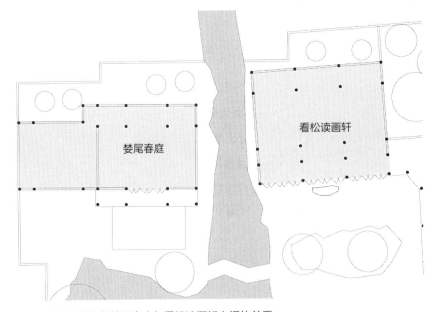

图8-16　水门被封之前娄尾春庭与看松读画轩之间的关系

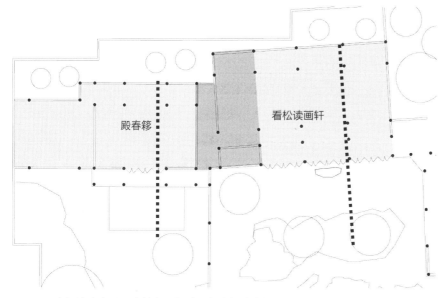

图8-17　水门消失之后殿春簃与看松读画轩之间的交接

　　这种交接的处理不只体现在平面上，在立面上也处理得很巧妙。看松读画轩的正立面，东面的三个开间是落地的隔扇窗，室内布置和室外的台阶都是以东数第二间为中轴线布置的（图8-18），西侧的开间的立面处理成一面白墙，为了不至于影响内部的采光，这面白墙的后面是一个小天井。西侧开间的屋顶也是比东侧三个开间要低，这些处理都是为了让四开间的看松读画轩看起来只有三个开间（图8-19）。

图8-18　看松读画轩东部三个开间的室内立面（自绘）

殿春簃     看松读画轩的最西侧的开间
原水门的位置     看松读画轩

图8-19 殿春簃与看松读画轩之间的交接（标注自绘）

2）水口的处理

计成在《园冶》中立基篇中曾对水口的处理方法，做了十分精辟而又精彩的说明，"疏水若为无尽，断处通桥"。大凡江南园林，水面大则分，小则聚，但园小水聚，并不等于死水一潭，园林家陈从周说的："山贵有脉，水贵有源，脉理贯通，全园生动。"所以在江南园林中，常在水池的一角，用水口或小桥等划出一两个面积较小的水湾，或叠石成涧，以造成水源深远的感觉，而在水口上架设水门更是一种常见的做法（图8-20）。

网师园彩霞池东南角和西北角两个对角线方向上的水口，一方面有在视觉上拉伸空间的作用，另一方面，西北角的水口恰好是原来水门的方向，是对本来存在的水门在文脉上的提示。网师园中另外两处水口的处理，分别是月到风来亭处（图8-21）和射鸭廊处（图8-22），均处理成略有架空，好像水是从亭子下面流淌出来的一样，则是改建者填池筑楼的时候，在水口的处理上

图8-20　水口的位置及其对水面变化的提示

三折桥水口

月到风来亭水口

射鸭廊水口

瞿氏时期的水面

李氏时期的水面

引静桥水口

看松读画轩

殿春簃

集虚斋

五峰书屋

竹外一枝轩

月到风来

射鸭廊

撷秀楼

濯缨水阁

万卷堂

苗圃

小山丛桂轩

图8-21　月到风来亭水口

图8-22　射鸭廊水口

对原来的水面走向的保留和提示。

　　目前，网师园有两个这种做法形成的水口，一个是在彩霞池的西南角，通过架于水面上的一个三步小拱桥，长2.4m，宽不足1m，桥下一条溪涧，自南蜿蜒而来，名"槃涧"，槃，蜿蜒的意思，桥下有闸门，闸门上方有立石，书写"待潮"，相传为南宋之物[17]，似乎桥下的闸门一开，潮水便会滚滚而来，将水的源头含蓄的提示出来（图8-23）。另一个则是在对角线的西北角，同样是通过一座三折石板桥提示出来水源的来处（图8-24）。

图8-23 引静桥处水口　　　　　　　　　　图8-24 三折桥处水口

3）后加的隔墙与湖心亭的交接处理

月到风来亭在宋宗元时期叫做花影亭，附句曰："鸟语花香帘外景，天光云影座中春。"当时花影亭紧靠园中的琅玕圃，也就是当时的花圃，外面有大量的植物花草，香气怡人，作为园中最佳的赏花之处，也是园中最好的观水之所，"天光云影坐中春"，这句下联展现了花影亭的另一面，天光云影，在澄碧的水面上徘徊流连，坐在亭中，共赏春色。所以这个亭子既是赏花，又是观水，月到风来亭这个名字是在瞿远村时期出现的，取意自宋代理学家邵雍的《清夜吟》："月到天心处，风来水面时"，从位置上来看是个湖心亭。

现在与月到风来亭相接的墙是在填了现在殿春簃前面的水面之后才出现的，在这两者的交接处理上也可以看出这种先后关系。屋檐口直接斜插入墙，伸到墙的另一侧（图8-27）。这种排水的做法，一共就是两处，一处是月到风来亭处（图8-25），另一处是在露华馆的后院墙上（图8-26），这

图8-25 月到风来亭与墙的交接　　　　　　图8-26 樵风径与墙的交接

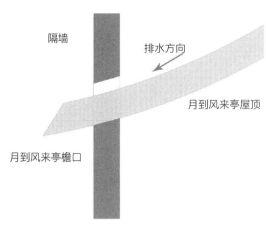

图8-27 殿春簃东墙与月到风来亭交接剖面示意

种构造做法是一种对亭子出现在前,隔墙出现在后这种建造上的先后顺序的最自然、不加掩饰的处理。

4)后加的隔墙的空间效果处理

a. 反射效果

殿春簃东墙上在月到风来亭的位置上挂了一面落地镜子,将中部水区的景色全部反射过去,造成对面也是波光粼粼的效果,也是弥补了填池之后,水面略显狭小的缺陷。(图8-28、图8-30)。

b. 漏景效果

这面墙还用了中国园林中的漏景做法,这面墙虽然是后来出现的,但是它没有完全隔绝殿春簃小院与中部水区的联系,墙上开有两个漏窗和一个门洞,这些开口使墙体两侧隔而不断,有所联系,不至于使空间过于逼仄。(图8-29、图8-31)。

图8-28 月到风来亭中镜子反射效果示意

图8-29 殿春簃东墙洞口漏景效果示意

图8-30 反射效果　　　　　　　　　　　　图8-31 漏景效果

（4）园中演出场地的变化

濯缨水阁是网师园里面从乾隆时期的宋宗元时就保留下来，一直到现在仍存在，在网师园中充当一个戏台的作用，也就是网师园里面听戏的地方。戏台作为一个公共交际的重要场所，在园林中的地位举足轻重，陈从周先生也曾经提到"过去士大夫造园必须先建造花厅，而花厅又以临水为多，或者再添水阁。花厅、水阁都是兼作顾曲之所，如苏州怡园藕香榭，网师园濯缨水阁等，水殿风来，余音绕梁。"[18]

1）戏曲与苏州传统社会生活

在传统社会，妇女的日常生活受到很大的限制，特别是中高层家庭的妇女。而这种园林里面的堂会，则给了深宅大院里面的妇女们一个娱乐的机会。例如，苏州赛会演戏，"巨室垂帘门外，妇女华妆坐观"[19]。"……在苏州补园（即拙政园西部），园主把园内的主要建筑鸳鸯厅建成最佳演唱昆曲场所，厅北临水，仿佛一座水上舞台，通过水面反射檀板笛声。……此外，网师园的濯缨水阁，怡园的藕香榭都是既可度曲，又能兼做戏台"[19]。

2）濯缨水阁——绝佳的戏台

濯缨水阁作为一个网师园的戏曲表演舞台，有以下几方面优势：

a. 濯缨水阁是网师园中唯一一个北向的建筑，有很明显的方向性，四个面中南面墙是封闭性最强的，只有一个小窗开在厚重的墙上，而东西两面则是大片开窗，有很大的开放性，而四个面中又以面向湖的这个面最为开放，都是落地槅扇窗，在需要戏曲演出的时候，可以将这些窗扇拆下来，以求最为开敞的效果。而后面那片厚重的墙也就是演出的背景墙了。轻盈小阁架空在水面上，与水面产生一定的距离，刚好是抬高的舞台。与园子中其他所有的建筑相比，濯缨水阁是最合适演出的场所。

b. 有足够的演出面积。作为跟水面最为接近且向水面开放的三个建筑之一，濯缨水阁是拥有最大的演出面积的。

c. 拥有最大的观赏面。从总平面来说，这个位置同时拥有最大的观众席，西侧可以站在或坐在旁边的廊，或者坐在月到风来亭中，都是极佳的观赏位置。东侧当然也可以将那条小通道临时用作观众席。北边则可以在竹外一枝轩和看松读画轩外的空地，都是视角绝佳的观赏点，而那些不太方面抛头露面的小姐太太们也可以坐在二楼雅座上，撷秀楼或者是集虚斋的二楼，则是更加上等的位置，而这些观赏点是园中任何一个其他建筑所无法比拟的。

d. 拥有天然的布景舞台

红楼梦中的贾母对于昆曲曾经有非常精辟的说法，"就铺排在藕香榭的水亭子上，借着水音更好听。"[20]因为曲声经过水面的反射折射之后，会更加圆润，所以昆曲要隔着水听才好听。濯缨水阁作为一个戏台，距离那些观众席之间刚好隔着一片水面，是个非常适合表演昆曲的场所。

"慢、小、细、软、雅"五个字是昆曲最重要的表演特色。所谓小巧精致，就是演出场地不要很大，小巧玲珑的濯缨水阁，再加上旁边的个头不高的云冈，以及长212cm，宽29.5cm的引静桥，粉墙作纸、竹石为绘，就像是天然的舞台布景一样。

（5）表演功能的丢失和演出空间的变化

"中国古代则有'燕客，琴瑟笙簧'的社会习气。在明清江南，文人、商人、官僚等社会群体中，凡遇宴会，'非音不樽'。在南京，'每开筵宴，则呼传乐籍'。曾任南京验封主事的吴县人顾璘，'每张宴，必用教坊乐工'。"[21]

网师园作为一个文人聚集的地方，自然少不了这种宴游曲乐的活动，宋宗元时期，就曾

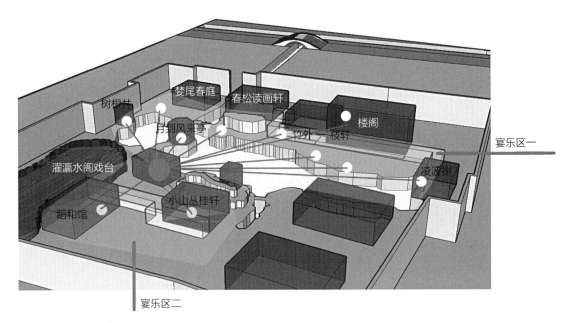

树根井
斐尾春庭
春松读画轩
楼阁
月到风来亭
竹外一枝轩
宴乐区一
濯瀛水阁戏台
凌波榭
小山丛桂轩
蹈和馆
宴乐区二

图8-32　瞿远村时期园中宴乐空间示意图

"时或招良朋，设旨酒，以觞以咏……指点少时游钓之所，抚今追昔，分韵赋诗，座客啧啧叹羡"[6]。

到了瞿远村时期，这种活动达到了顶峰，当然这与瞿远村本人交友广泛，热情好客有关。"宾主雍雍，当风清月满之时，相与回旋台榭间"[22]之际，自然就少不了曲乐相伴。此时的网师园中的宴乐区有两个，都是以濯缨水阁为中心的，此时的濯缨水阁是向四面开敞的。北部面向宽阔水面可以有一个比较大欣赏戏曲的观众区，沿水面的月到风来亭、树根井、竹外一枝轩等等都是隔水听戏绝佳的场所，如图8-32所示宴乐区一。适合园中进行相对大规模的演出活动。而濯缨水阁向南，与蹈和馆、小山丛桂轩一组建筑则组成另外一个规模较小的宴乐区，适合三五好友"丝竹之声，咏吟之会"[4]，如图8-32中的宴乐区二。

经过李鸿裔时期的封闭以及之后的社会动乱和历史变革，网师园中的宴饮唱和活动渐少，居住功能加强，甚至在很长一段时间里散为民居，戏曲表演这种活动在园中已经很少见了。新中国成立后，园子收归国有，近年来开放夜花园，濯缨水阁仍然是一个非常重要的表演场所，但是只面对彩霞池方向开敞，由于园中空间的变化，欣赏演出的位置也已经大大缩减，如图8-33所示。

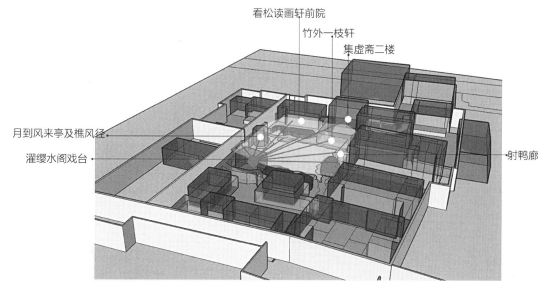

看松读画轩前院
竹外一枝轩
集虚斋二楼

月到风来亭及樵风径
濯缨水阁戏台

射鸭廊

图8-33　现状濯缨水阁作为戏台的功能辐射范围

## 8.1.4　网师园活动流线的变化

### （1）进入园子的方式

1）水门为主——瞿氏时期

在瞿远村和宋宗元时期是有水陆两门的，园主人和来拜访的朋友们都可以通过水路，由水门进入园子，也可以通过陆路的门进入。

瞿远村时期的网师园周边已经有了比较多的建筑，关于此时陆门的情况，曾与朋友一起去网师园赏牡丹的清代文人梁章钜这样描写，"门外途径极窄…盖其筑园之初心，即藉以避大官之舆从也"[12]。幽深的小巷、狭窄的道路代表的是"不事王侯，高尚其事"的品格，富者我不攀，贵者我不顾，故而"轩车不客巷"。这样的入口所欢迎的不是显官达贵，而是那些对网师园真正有兴趣，乐得在窄巷避弄之间细细追寻胜迹踪影的同道之人。

虽然有陆门，通过前文的分析，可以得知瞿远村时期的网师园用得最多的是西北侧与城市河道直接相连的水门。自水门入园在当时是一种比较常见的方式。苏舜钦在他的《沧浪亭记》中曾这样描述他去往沧浪亭的过程，"予时榜小舟，幅巾以往。至则洒然忘其归。觞而浩歌，踞而仰

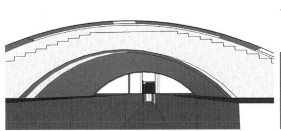
（a）从城市河道中穿过小桥进入入园的支流

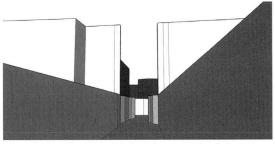
（b）隐约看到园中的湖心亭——月到风来亭

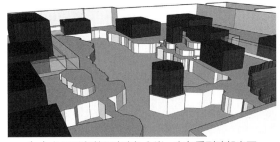
（c）入园后在婪尾春庭处上岸，向东看到疏朗水面

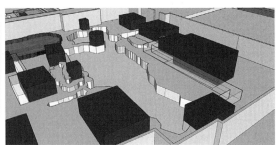
（d）或者乘小舟于水中，向西看水面一望无际

图8-34　瞿氏网师园从水门入园的空间变化示意

笑。"这是一种典型别墅园的进入方式和生活情态。虽然苏舜钦距瞿远村有六百年，但是这种生活方式并没有改变。

　　如图8-34，显示了"榜小舟，幅巾以往"网师园的过程，船从十全河而来，到十全街的红鸭桥处转弯，从桥下穿过，这个时候，已经可以隐约看到园中的景物，继续向前，首先映入眼帘的是月到风来亭，入园后，眼前一片豁然开朗，是与城市河道相比宽阔的多的一片水面。此中妙处，不妨引用陶渊明的《桃花源记》来形容。"缘溪行，忘路之远近。忽逢桃花林，夹岸数百步，中无杂树，芳草鲜美，落英缤纷，渔人甚异之。复前行，欲穷其林。林尽水源，便得一山，山有小口，仿佛若有光，便舍船从口入。初极狭，才通人，复行数十步，豁然开朗。土地平旷，屋舍俨然，有良田美池桑竹之属。"这样的方式，将入园的空间流程加长，充分利用了人们对园中景观的期待心理，延长了空间体验的过程。

　　2）陆门为主——李氏时期

　　李鸿裔时期填掉了部分水面，取消了网师园的水门。推断网师园彼时有四个门。

　　a. 一个是南大门，这个当然是整个园子最主要的入口，主人平时走的门，或者是有客人来的时候，开正门以迎客，沿着中轴线，轿厅、万卷堂、撷秀楼，或者进入园子，是最重要的轴线。

　　b. 大门东侧的小门是避弄的门，可以直接通到撷秀楼和后院，供仆人和家中女眷们，不方

**图8-35 网师园后门平面示意图**

便抛头露面的人员快速通过。

　　c. 网师园还有一个边门在南大门左侧，直接开向旁边的阔街头巷，是通向园中原来的花圃位置的，推测为园中园丁工人直接使用的入口。

　　d. 后门直接通向的是繁华的十全街，后门开在这里，应该是供仆人们采购等出入使用的。

　　从李鸿裔在网师园中养疴谢客，闭门却扫的生活状态来看，网师园的南大门可能也不是最常用的，反而可能是与北侧繁华的十全街相连的给仆人采买用的后门才是用得最多的。此时的入园方式选择所体现的是一种日常生活的功能需求（图8-35）。

　　3）南门为主——公园时期

　　网师园在1958年大修开放时，将梯云室后门作为主要入口。做这样的考虑是因为已经完全把网师园当成了一个公园了。梯云室所对的街道是繁华的十全街，人来人往特别热闹。（图8-36）这样的做法是为了增加网师园的人气，为了让游客更加容易地找到网师园，这完全是一种公园在功能上的做法。对于这种做法，陈从周先生还曾经很调侃的称之为人间煞风景事之"开后门以延游客"[23]。这个后门一直开到1989年，南大门才重新开放，目前网师园南大门是主要入口，梯云室后门改为公园的出口。

（a）喧闹的十全街　　　　　　　（b）网师园后门　　　　　（c）网师园后门向外看十全街

图8-36　网师园梯云室后门空间示意

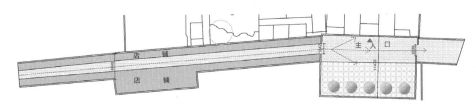

图8-37　现状网师园南大门及阔街头巷平面示意

网师园的南门设在现在的阔街头巷，这是一条很狭窄的小巷子，要不是巷子口竖着路牌，根本就找不到这条路，巷子两侧有很多店铺，本来就不宽的巷子显得更窄了，让第一次来的人甚至会怀疑名声在外的网师园是否真的在这个小巷子里。沿着长长的巷子继续向前走，人们期待心理会一点点增加，直到看到巷子尽头的门洞，看到网师园三个字，眼前出现一个宽敞的园子，进而看见网师园的大门，这种期待心理就达到了高潮（过程解析如图8-38）。这个入口与瞿氏时期的陆门的空间体验是一样的，狭窄的巷道和入口正是网师园隐逸精神的一种体现。

（2）活动流线

1）局部点状——瞿氏时期

瞿远村是个当地的士绅商人，他在苏州城西北还有另外两处别院，他不大在网师园里面居住，那个时候，网师园还是有水门存在的，苏州城市内河道纵横，水路交通还很普遍，他进入网师园的入口应该主要是水门，并且在网师园中的主要活动范围是围绕中心水面的大景区的位置。他使用网师园的强度也不是很大，可以将其活动状态抽象为局部点状（图8-39、图8-40）。

此时园中水面比较大，空间疏朗，院内空间被长条形的水面划分成南北两部分，南侧的濯缨水阁是活动最活跃的场所，向北看有娑尾春庭、看松读画轩、集虚斋等一组建筑。北侧比较活跃的建筑是距离水池最近的竹外一枝轩，向南看是南岸梅花铁石山房、云冈、濯缨水阁、月到风来

（a）站在毫不起眼的阔街头巷口，疑惑：这就是入口？

（b）继续寻觅，道路狭窄，小巷幽深，没走错路吗？

（c）前方忽现一门洞，上书网师园三字，惊喜，原来真的在这里！

（d）过门洞，一方形前院，豁然开朗！

（e）回望来时路，感叹大隐隐于市

（f）如此这般，才得网师园入口所在

图8-38　网师园南大门入口空间体验过程解析

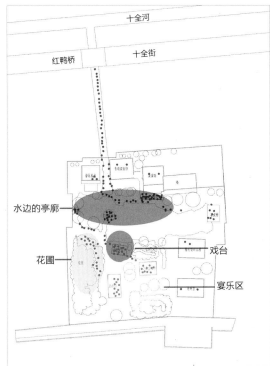

图8-39 瞿远村时期活动轨迹 图8-40 瞿远村时期主要活动区域

亭等一组高低起伏的建筑，其中，假山上的亭子云冈是制高点。最能够感受到水面疏朗的是沿着水面东西方向，也就是水岸西侧的树根井和东侧的凌波榭两个建筑。当然园中赏景最佳的位置则是湖心亭月到风来了。不管是环顾四周水景、欣赏芍药花圃还是欣赏濯缨水阁戏曲表演，都是最佳位置，也应该是园中活动最活跃的建筑。

2）整体密集——李氏时期

李鸿裔的主要活动范围是整个园子，包括住宅部分，那个时候已经没有了水门的存在，他的主要流线应该是从住宅部分到书房去，到园子去，主要是在网师园范围内活动，没有很显著的起始点，因为他是一直住在园子中的，并且由于他在苏州朋友并不多，交际不多，所以可以推断，他平时不大出门，在整个网师园的每个角落都有很长时间的停留，可以将其的活动状态理解为点线面组成的面状的停留（图8-41）。但是作为一个文人出身的官员，水池北部的书房区和东部新建的住宅区应该是他活动更加频繁的位置（图8-42）。此时网师园的日常生活功能得到了加强，园中的生活不再是围绕水面而展开，周围的建筑实体部分成为网师园的重点，是园中最活跃的区域，而水面则是园子空间比较透气的一个部分。

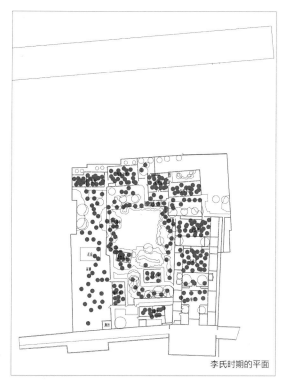

图8-41 李鸿裔时期活动轨迹图

李氏时期的平面

北部读书区

东部住宅区

图8-42 李鸿裔时期主要活动区域

3）单向线性——公园时期

真正所谓的流线，是在网师园成为一个真正意义上的公园之后的事情了。因为现在游客们来到网师园中，基本上是从南边的大门进入，活动范围基本上也会遍布整个园子的水区和住宅部分。虽然从所有游客的角度来看，网师园的内的活动轨迹比之前加重了很多，但是从每一个个体的游客来说，由于停留的时间非常短，所以在网师园中的行为状态主要是一种穿过线性形态（图8-43~图8-45）。

此时网师园作为一个公园和景点，园中的水面及周围的景观成了游客来到这里最关注的地方，也是最多人拍照留念的地方，月到风来亭、小山丛桂轩、竹外一枝轩分别成为最多游客逗留的地方。出现了网师园的标准风景照，此时的网师园对于游客来说，只剩下了视觉上的意义了。

（3）园中的快慢两条路径的变化

在园中有这样两条完全不同的路径。一条是供人快速通过的，"苏州网师园之东墙下，备仆从出入留此便道，如住宅之设'避弄'。与其对面之径山游廊，具极明显之对比，所谓'径莫便于捷，而又莫妙于迂'"[23]。这条路径是园中绕中心水面，平面变化和断面变化最少的一条路。

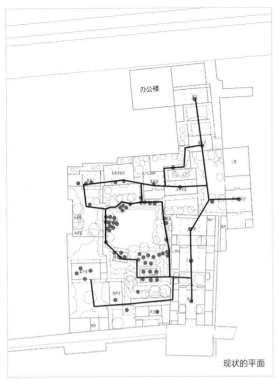

图8-43　现状网师园内活动轨迹

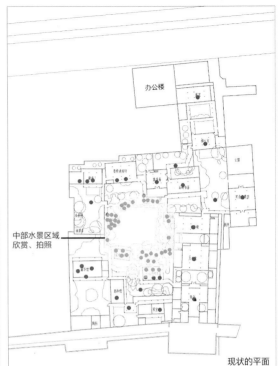

图8-44　现状网师园内主要活动区域

图8-45　网师园现状的入口

而这条直路的终点恰好是内眷居住的撷秀楼通向中心园景的小门。住宅东部的避弄功能是给网师园中的女眷和仆人迅速通过厅堂到达绣楼等后勤用房用的，这条园中的小路在功能上的设置跟避弄是一样的，是为了让女眷和仆人迅速通过园子而设的，如图8-46黑色虚线所示。

另一条与之形成对比的是西部的爬山游廊，则是让人慢慢通过的，一方面在断面上的高差变化，非常丰富；二是在地面肌理的变化上，有很多的讲究，这两个方面都是为了使人行走在这条路上，需要小心注意脚下，不能非常快速的通过，而是要慢慢地走，如此也就可以慢慢地欣赏风景，让人在咫尺之间也可以感受到

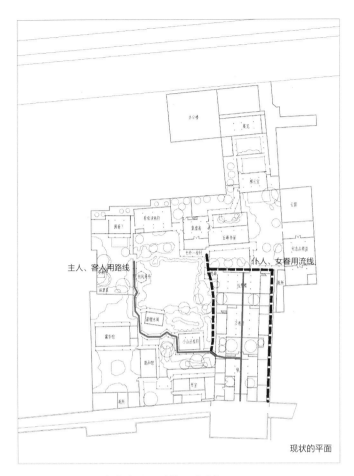

主人、客人用路线 仆人、女眷用流线

现状的平面

图 8-46　网师园中作为私园时的两种路径

那种爬山的乐趣。在这条路径上，还设置了好几个可供停留的点，月到风来亭是其中最重要的一个，而现在的月到风来亭和濯缨水阁之间的游廊中间，还有一个半亭，游廊的栏杆设置也是可以供人坐下，休息欣赏的。这些所有的空间设置的手段，使这条游廊成为身体体验非常丰富多样的一个廊，走得慢了，用的时间多了，就会在一定程度上放大了这个园子的空间尺度，而这正是一个本身空间不是很宽阔的私家园林所必需的。这条路径所连接的也主要是具有宴乐功能的园中建筑，如小山丛桂轩、蹈和馆、濯缨水阁，以及园中最佳的观景点，如月到风来亭、樵风径等。这条路径则是网师园作为一个私家园林时供主人使用，特别是当有客人来游园的时候使用的，如图8-46实线所示。

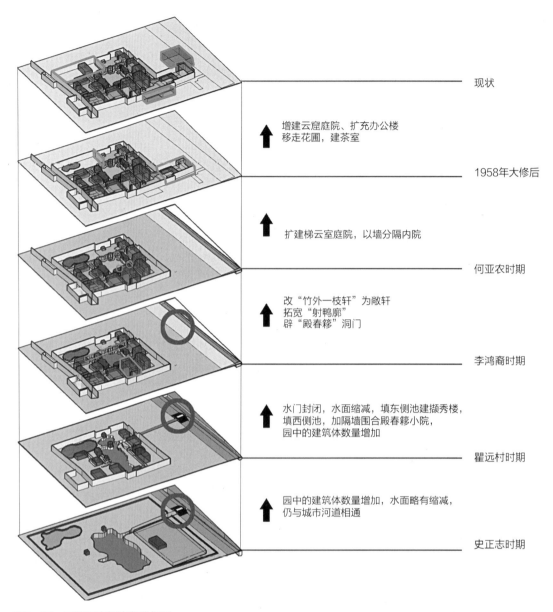

图8-47　网师园空间变化分析图

现状

增建云窟庭院、扩充办公楼
移走花圃，建茶室

1958年大修后

扩建梯云室庭院，以墙分隔内院

何亚农时期

改"竹外一枝轩"为敞轩
拓宽"射鸭廊"
辟"殿春簃"洞门

李鸿裔时期

水门封闭，水面缩减，填东侧池建撷秀楼，
填西侧池，加隔墙围合殿春簃小院，
园中的建筑体数量增加

瞿远村时期

园中的建筑体数量增加，水面略有缩减，
仍与城市河道相通

史正志时期

当网师园成为一个公园之后，来到这里所有的游客都是同等地位的，园中原来生活的人身份和等级之间的差别消失了，这种差别所造成的园中路径的不同也就消失了。最明显的就是避弄的消失，现状虽然还保留着，但是已经年久失修，停止使用了（图8-47）。

## 8.2  空间类型的抽取与解析

### 8.2.1  理论依据

#### （1）人类学的理论

1）人类学对聚居的研究

人类学（Anthropology）一词是源自希腊语anthrpos（人的）logos（研究）。人类学是以达尔文的进化论为根基，对整个世界的文化和民族进行比较，揭示其进化的模式的学科。它的四个分支分别是——考古学、语言学、文化人类学和体质人类学，共同组成人类学的次级学科。

19世纪后期人类学者已经对人类聚居行为开展研究，直到20世纪20年代，功能主义理论出现后，人类学的方法论才开始从宏观人类历史中分化出来，进入实地研究与社会理论化的时代。"我国至1935年，费孝通先生对少数民族地区的广西大瑶山进行了实地调查；特别是翌年对中国吴江区开弦弓村农民的经济与社会生活进行的有成效的田野调查，而在该调查的基础上形成的《江村经济》。这一调查使人类学开始从对野蛮社会的研究走向对复杂文明社会的研究，并开创了本土人类学的发展途径。人类学研究从此逐渐深入到人类现实的生产、生活层面，成为对人类聚居环境研究的重要领域。"[24]

2）建筑人类学的推进

"在建筑学理论研究与实践过程中，尤其是在聚居环境方面，不仅运用建筑学、地理学作基础，还需运用社会学、经济学、生态学等多方面的理论知识，特别是人类学广阔的研究视野，为建筑学提供了丰厚的土壤，以文化人类学的观点和方法来研究建筑学中的问题，特别是探讨思维方式、生活习俗与建筑空间的关系[25]成了一种重要的方法，提供了考察的新角度和阐释的新途径。基于人类学视角的建筑研究与囿于眼界和理解力用所谓抽象的'文化'一言以蔽之的研究在认识深度上是不同的，以人为文化主体的理性回归必将推动建筑人类学研究的发展。"[24]

3）人类学对园林的研究

陈从周曾经说过"评园必究园史，更须熟悉当时之生活，方言之成理。"[23]中国传统园林，文化积淀深厚、历史沿革复杂，特别是一些至今仍存于世的江南私家园林来说，大多都经历了几百年甚至上千年的演变过程，在这个物质环境中生活和存在过的人形形色色，不计其数；在其中发生过的生活事件也是不可计数，正如前文所分析过的网师园一样，这只是江南私家园林的一个个例。人类学是以综合研究人体和文化（生活状态），阐明人体和文化的关联为目的的学科。建筑人类学的分析方法是指对人们生活的直接观察和对历史资料的整理，最首要的是关注于原始资料的整理与分析。这种分析方法相对于忽略人和生活的因素，仅仅就物质环境进行分析的方法，显得更有效用，也是本文提出运用人类学研究方法的原因之一。

（2）类型学的理论

1）原型理论

"荣格有关原型（Archetype）的概念是指人类世世代代普遍性心理经验的长期积累，'沉积'在每一个人的无意识深处。其内容不是个人的，而是集体的，是历史在'种族记忆'中的投影，'包含人类心理经验中一些反复出现的原始表象'，这种'原始表象'荣格称之为原型。"[26]

2）历时性与共时性的交汇——阿尔多·罗西的建筑类型学

罗西认为建筑类型与原型相似，"类型的概念就像一些复杂和持久的事物，是一种高于自身形式的逻辑原则"。罗西认为城市类型其实是"生活在城市中的人们的集体记忆，这种记忆是由人们对城市中的空间和实体的记忆组成的。这种记忆反过来又影响对未来城市形象的塑造……因为当人们塑造空间时，他们总是按照自己的心智意象来进行转化，但同时他也遵循和接受物质条件的限制"[27]。

3）类型学在园林中的应用

类型（Type）指的是存在建筑形式中的一种组织法则，这种法则不是人规定的，而是人类世世代代发展中形成的，是人类"集体无意识"在建筑上的投射，凝聚了人类的生活方式，是人类历史、文化、社会等的记载。"类型学（Typology）不是从纯形式或纯语言学角度入手的，而是从社会文化和历史传统角度入手的 …… 类型学理论认为建筑形态在历史中重复出现的现象提示人们类型和形态的概念是独立于技术变化之外的。"[28]

园林作为集体记忆的场所，"它交织着历史的和个人的纪录，当记忆被某些城市片断所触发，过去所遇到的经历（即历史）就与个人的记忆和秘密一起呈现出来"[27]。历代主人在园中的生活方式各不相同，对园林的改造也不相同，但是，总有或多或少的"相似性"。本章，主要讨论在园林沿革过程中一直存在的某些空间构成法则。

（3）类型的抽取和分析

基于以上理论和前文的分析成果，本文所研究的园林空间具有以下特征（研究思路如图8-48）：

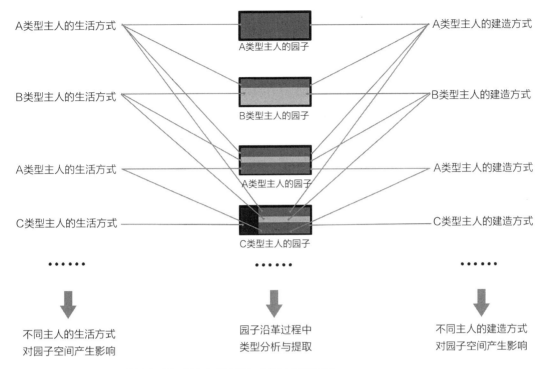

图8-48　研究思路——生活方式与建筑方式的叠加分析及类型提取

1）园林的发展有一个时间的尺度，即园林中的建筑出现有先后之分。这意味着我们可以根据时间的坐标，把那些本质不同的可比现象联系起来。

2）园林的空间具有连续性。也就是说我们在园林中看到的所有元素都是连续性的。园林空间的发展过程是一个连续的过程，而并不是质的飞跃。

3）园林中有某些特殊性质的主要元素，它们具有延缓或加速园林空间演变的力量。我们将这种因素称为是主导因素。

## 8.2.2　生活方式的共时性存在及其对空间的影响

### （1）士大夫生活与园林

苏州古典园林不仅拥有杰出的造园艺术和精深的文化内涵，更是封建士大夫的文化生活空间。士大夫的文化价值取向，确定了园林的文化主题和空间形态，并赋予苏州古典园林以鲜活的生命力。

植根于中国传统文化土壤的苏州古典园林，多角度全方位地体现了中国传统文化的精华，是中国古典园林艺术的典型代表，是中国传统文化与智慧的结晶。然而，长期以来，人们对园林的探讨，多集中在造园艺术或园林的本身，而对创造园林并在其中通过特定的生活方式使园林文化涵蕴不断丰满的居者，以及居者与园林文化之间的互动关系则研究不够。事实上，正是因为园林的居者将其文化理想、价值观念等形而上的观念体系，与具体的建筑艺术和园林空间渗透结合，以其文化价值取向及其文化生活方式，规定了园林的文化主题和空间形态，方使园林具有了鲜活的生命力，成为特定的文化载体和人化空间。[29]

（2）多种生活方式的共时性存在

由于自身的文化修养水平、成长背景不同，各个主人对待园子的态度和对园子的改造方式，他们在网师园中的生活状态，也就必然有很多不同的地方，但是同时，他们所有人又都是基于一个大的文化环境和历史背景中的，对于私家园林有一个"类似性"的认识，所以，在这些不同中，又有着一脉相承的东西。

前文已经对网师园历史沿革过程中园主人生活方式所产生的影响做了分析。网师园从始建的时候的一个居于郊区的郊野宅园，到宋宗元和瞿远村时期疏朗的别墅园，经过李鸿裔父子填池建楼，变成了一个空间隔断很多，封闭感很强的宅园，再后来经过何亚农的点睛之笔，成为一个细致精巧的宅园，收归国有变成一个公园之后，又适应新的功能产生了一些变化，网师园所呈现的状态是由多个历史阶段叠加而成的，并且这些层次并不是相互隔绝的，它们是共时性存在的（图8-49）。

（a）忽略历史，仅就现状进行研究　　　（b）断裂历史层次，忽略相互联系　　　（c）以人类学、类型学的观点分析历史沿革，分层次的看待园林

图8-49　研究园林的几种模式

（3）主人是影响园林空间最直接的因素

苏州私家园林的主人大致有以下几种类型：

第一种是退休官僚，清代苏州籍状元27名，占114名状元总数的1/4以上，这些人年老退休，叶落归根。他们希望能够有一个安享晚年的场所，一生离乡背井，心中始终不忘这家乡的小桥流水，遂购置园林。

第二种是地方士绅，他们出身世家，家底富裕，往往构筑花园颐养天年，除此之外，他们通常极力模仿那些有名的文人园，希望这个园子能够给自己带来一些文雅的气息和文人朋友，弥补自己在功名和仕途中的缺陷，这样的园子会多一些攀比和附会风雅的嫌疑。

第三种是官场失意者，他们从官场上败退下来，欲以隐居方式保持自己人格的清高，却怕过远离物质世界隐遁山林的真正隐士生活，就在城中摹仿自然建造园林，寄情山水，当一名象征性的隐士。

这三类园主都是文人出身，有较高的文化修养。网师园的几位主人大致也包含在上面所说的这几类中。史正志是官场失意，宋宗元和李鸿裔是退隐官员，而瞿远村和何亚农则算是地方士绅。而当网师园成为一个公园之后，又出现了从未有过的主人和生活方式类型，即游客和游览活动（表8-1）。

前文的研究和分析已经说明，网师园在近千年的历史沿革中，空间所发生的变化正是由这些所有类型的主人在园中的生活和他们对网师园所做的各种各样、大大小小的改变所推动的。作为园林的直接使用者和改造者，园林主人的性格、人生经历、在园中的生活方式是对园子的变化起着最直接和最主要的作用的，是研究园林空间不可缺少的重要因素。

网师园五个阶段基本资料对比　　　　　　　　　　　　表8-1

| | 史正志 | 瞿远村父子 | 李鸿裔父子 | 何亚农 | 现状网师园 |
|---|---|---|---|---|---|
| 性质 | 郊野宅园 | 别墅园 | 宅园 | 宅园 | 公园 |
| 功能 | 居住，种花 | 宴请、会友 | 居住为主 | 放置古玩字画 | 欣赏游玩 |
| 空间 | 建筑较少，植物造景为主 | 开敞疏朗水面宽阔 | 空间隔断比较多，水面较小 | 在前人基础上打通一些隔断 | 流通性强，通透 |
| 活动流线 | 整体密集 | 局部点状 | 整体密集 | 比较少 | 单向线状 |
| 主人身份 | 退休官员 | 儒商 | 退休武官、文人 | 文人、政客、军人 | 游客 |
| 主人特征 | 对植物颇有研究 | 当地人，好客交友广泛 | 外地人，性格谨慎，在苏州朋友不多 | 与一些文化大家交友 | 人流量大 |
| 生活情态 | 居住、游玩 | 宴请、游玩 | 闭门不出、居住 | 游赏、会友 | 短暂停留 |

**（4）庭院式生活方式与庭院空间的传承**

庭院式居住是中国传统建筑的最基本模式，网师园始建的时候，是一圃一宅，可以抽象成一个单一的院落（图8-50），而现在，虽然网师园已经发展到大大小小十几个院落（图8-51），但

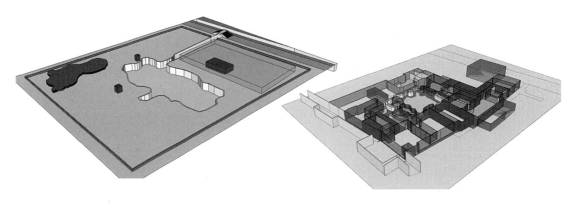

图8-50　史正志时期单一院落　　　　　　　　图8-51　现状网师园复式院落

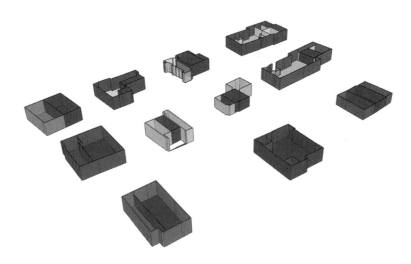

图8-52　现状网师园院落空间类型示意图

是网师园总体上还是一个大的宅园，仍然是一宅一园的基本构成，在类型上就可以抽象为一个庭院。而且虽然各个院落大小形状各不相同，但是基本上都是一种类型，就是前面有院子，后面有小院或小的采光天井。这种庭院式空间的传承，正是中国庭院式生活的一种最忠实的反应（图8-52）。

　　网师园目前的庭院分布主要可以分为四个区域：东部供居住用的中心轴线对称的三进院落（图8-53），中心以彩霞池为中心的中心水景区、西部内院以及北部梯云室组院。再细分的话，网师园的空间构成主要有以下三个类型（表8-2）：

| 类型 | A | B | C |
|---|---|---|---|
| 长宽比（约） | 1：1.25~1：3 | 1：1.75~1：0.8 | 1：0.8~1：0.6 |
| 建筑占庭院面积比（约） | 27% | 43% | 67% |
| 功能 | 书房、茶室 | 书画、宴乐 | 居住 |
| 位置 | 独立于中部水景 | 围绕在中部水景周围 | 东部轴对称院落 |

　　这些庭院类型的产生，一方面与功能有关，如类型B，主要是园中的书房、画室和宴乐区，类型C，主要是园中用于居住。一方面则与在园中位置有关，类型B在位置上主要围绕在中部彩霞池周围，类型C主要是在东部园子入口处。还有一方面是与网师园的建造过程有关，比如类型A、C多是后建者根据自己的需要在园中加建形成的（图8-54）。

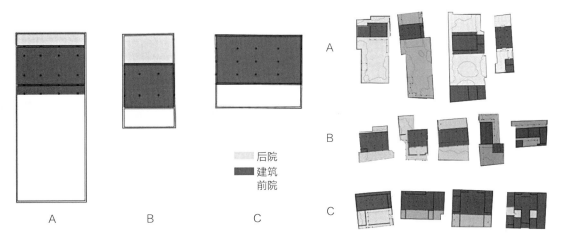

图8-53　庭院类型抽象示意

图例：
- 后院
- 建筑
- 前院

图8-54　网师园现状庭院类型

　　其中A类型绿色所示的后院，比较小，景深较小，视野是平面化的，一般是不可进入的，安静的"哑院"，主要是延伸视觉的功能；而黄色所示的前院比较大，景深也较长，是进行主要活动的部分。这两种完全不同的空间类型，形成了两种在尺度、景深、视野、动静对比较为分明的两种环境状态，使得该空间类型的体验，是两种对比鲜明景观的并置，以殿春簃为例说明，如图8-55，三种庭院类型在园中的分布情况见图8-56。

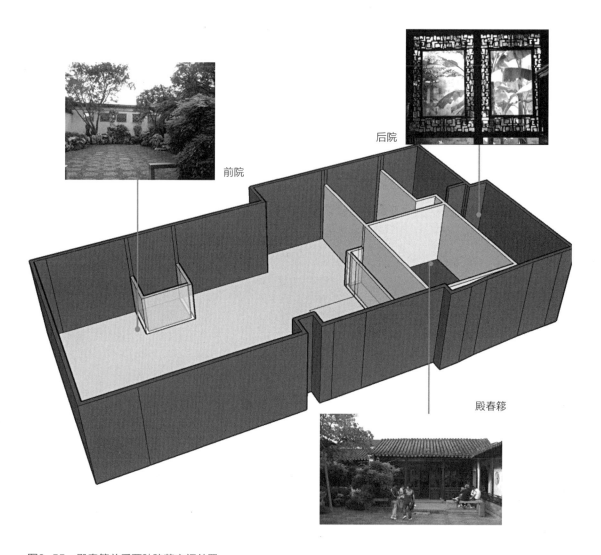

后院

前院

殿春簃

图8-55 殿春簃前后两种院落空间并置

图8-56　三种庭院类型在园中的分布情况

### 8.2.3 园林特有建造方式及其对空间的影响

通过前文对网师园整个历史沿革过程及其空间变化的分析，可以知道，网师园的建成是一个比较复杂的过程，是经过了多次设计、多人参与、多次建设而成的，与现代建筑所使用的一次性设计、一次性建成的方式完全不同。

（1）现场设计

现场设计，是中国古代园林的一个最基本的特点。我国古代造园，"往往边筑边拆，边拆边改，翻工多次，而后妥帖"[18]。在造园之前，并不存在一个总体布局的总平面的东西。

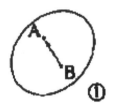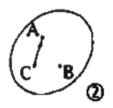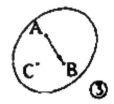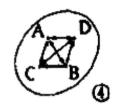

图8-57 园林营造过程分析简图

对于园林的现场设计过程，如图8-57所示，其中B是立足点，A是画面。可以推想，设计者先是身处B点进行现场设计，根据B—A的视线联系，对B与A做出初步的设计判断；很自然地，人们会想到另两种情况，②与③；在②中，C成为另一个可能的参考点，如拙政园主厅前的一片荷塘，附近多处景点都与荷有关；而在③中，人置身于画面A中，仍然可以欣赏到B的景观，就像扇面窗，既能取景，又有丰富建筑立面的作用；上述几种重叠的关系必然综合于同一造园过程中，构成一张错综复杂的网络关系④，而在这个网络中，所指的立足点则恰如绘画中的散点的水平向排列与循环。一如④表明，园林中的各个要素在创作过程中是相互制约、相互重叠的可以说园林创作的过程是造园者调整这张关系网，使之趋向平衡的过程。[30]

以上对现场设计的论述是基于一次性建设基础的，事实上，一个园子的建设费用是一个很大数字，即便是对一些士绅或者官员来说，应该也是不小的一笔钱。所以说边拆边建其实是一个很费钱的工作。应该不大会在一个主人拥有的时候做很大的反复，特别是一些主体建筑的建设上。所以倒不如将这个边拆边建的过程，看作是几百年的过程。不同的主人，在他拥有园子，在园中生活的时候，从他的角度对园子做出改造。任何一个园子都不是一下子就能建成的，而所谓现场设计也不是一个人完成的（图8-58）。

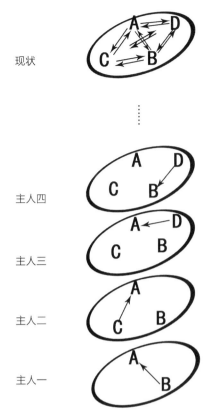

现状

主人四

主人三

主人二

主人一

图8-58 园林多位主人共同设计过程示意图

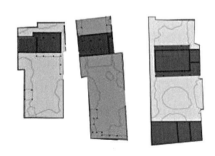

图8-59 殿春簃、梯云室、露华馆茶室平面示意

网师园历史文献中关于现场设计的记载也有很多，如瞿远村"目营手画而名之"，跃然纸上的就是一个在园中细细推敲，现场设计者形象。何亚农与张大千兄弟交好，在购买网师园之前，就经常到网师园中去会友，所以对网师园也是非常了解的，一旦得了园子，自然是根据平时的观察所得，将不甚完美的地方加以改正，因而他对网师园的改建堪称点睛之笔。

园子收归国有之后的几次改建则比较令人遗憾。扩建的梯云室虽然在尺度和院落布置上跟网师园很像，但是在整个院子有五个开口，破坏了围合感。陈从周先生也曾对新建部分做如下评价，"设计既背固有设计原则，且复无水，遂成僵局，是事先未对全园做周密的分析，不假思索而造成的。"[23]（图8-59）移建的露华馆则明显尺度过大，与整个网师园的尺度格格不入。显然后来的改建者并不理解原来私家主人现场设计的方法。

（2）设计者、建设者、使用者身份重合

中国传统园林的主人大多都是集设计、建设、使用于一身的。这与现代建筑设计、施工和使用完全分开的做法是完全不同的。童寯先生所作《随园考》，随园主人袁枚，杭州才子，25岁（乾隆四年）中进士，35岁辞官，于南京造随园，园居50年，是中国文士少有能得享大年优游林下者。童先生文中特别提到，袁枚旷达，临终对二子说"身后随园若得三十年，今愿已足。"三十年后有友人去访，园已倾塌，沦为酒肆。实际上，袁枚经营随园50年就有如养一生命。古人说造园难，养园更难。中国文人造园就这样一种特殊的建筑学活动。它和今天那种设计建成就掉头不管的建筑与城市建造不同。园子是一种有生命的活物。造园者，住园者是和园子一起成长演进的，如自然事物般兴衰起伏。[31]

网师园的几位主人，如瞿远村、李鸿裔、何亚农都可以看作是设计者、建设者、使用者集于一身的。瞿远村目营手画而名之，李鸿裔在园中居住日久，设计建设肯定是参与其中的，至于何亚农，得园之前就经常去园中，对园子很熟悉，几处点睛之笔颇见功底，宋宗元虽说是没有直接参与网师园的建造，但是也曾赋十二景诗，也算是定了设计的方向，最后的结果也果符其愿，可见他也是在一定程度上参与网师园的设计的。正是这些网师园的拥有者们亲自参与设计、建设，才使得园子处处展现着他们的文化和生活，并最终沉淀，成为一个精品。

### 8.2.4　两种空间扩张方式

"类型概念可以被简单地理解成事物相互之间结构模式相似性的聚合。"[32]江南私家园林的相似性特征不可能是任何形式的明确规则的结果，每个园林都是由不同主人在不同的具体环境中建成的，通过长期的发展逐步成形，其间不存在明确的设计文本或是强制性措施，它只能是追随那些被直觉承认的模式的结果。也就是说，大多数园林都属于同一个类型，尽管其承载的内容和表现形式各不雷同，却都共享某种基本的品质。园林的空间看起来丰富多样，但是却有一种很显著的可命名性，其中存在着某种控制性的法则。

（1）量的增长

在我们已有的建筑历史知识中，我们看到曾经有两种不同的扩大建筑规模的方式。"一种就是'量'的扩大，将更多、更复杂的内容组织在一座房屋里面，由小屋变大屋，由单层变多层，以单层房屋为基础，向空间纵深作最大限度的伸展。西方的古典建筑和现代建筑基本上是采用这种方式，因此产生了一系列又高又大的建筑物，取得了巨大而变化丰富的建筑'体量'。另一种就是依靠'数'的增加，将各种不同用途的部分安排在不同的'单座建筑'中，由一座变多座，小组变大组，以建筑群为基础，一个层次接一个层次地广布在一个空间之中，构成一个广阔的有组织的人工环境。中国古典建筑基本上是采取这一方式，因此产生了一系列包括数量极多的建筑群，将封闭的露天空间、自然景物同时组织到建筑的构图中来。"[33]中国传统园林也是这样的组合方式，只不过，园林增长的单元是以院落为单位的。网师园就是一个典型的例子，在一个大园的基础上，不断的附加一些院落。目前，网师园大的分隔上由四个大的院落组成。

1）东部入口的规整式的住宅区三进院落（东部院落），这部分院落是李鸿裔时期建造的，在这之前，网师园中可能不存在这样大规模的规整的居住建筑群，但是这个居住部分的功能区一直是存在的，从初建的时候"宅"加"圃"的结构组成就已经隐含这部分功能。

2）中部以水景为中心的院落（中部院落），这部分是网师园一直以来最核心的组成部分，但是在历史沿革过程中这个部分是一直处在一种萎缩状态的，水面缩减，围合加强。

图8-60　20世纪50年代露华馆旧址　　　　图8-61　露华馆施工场景

3）西侧的长条形由殿春簃和组成的一组院落（西部内院），是在李氏填池建楼之后才从中部院落中分离出来的。

4）梯云室是在园子收归国有，1958年大修的时候加进来的。

5）露华馆院落，刚开始的时候与殿春簃院落是一起的，1958年大修时以墙分隔内院成为一个单独的院落。如图8-60所示20世纪50年代位于网师园的西南角的露华馆旧址，七百多平方米的空旷场地上荒芜不堪，曾经做过花房，后来移建了露华馆，露华馆施工场景如图8-61。

6）云窟院落和办公楼都是为了适应新功能而增建的。

在这个过程中，我们看到的是网师园规模的扩大，是在原来的范围内不断的衍生出新的院落的过程（图8-62）。

（2）数的增长

中国的传统建筑，如前所述，是一种把很多个单体组合起来的过程，是一个衍生的过程，是在量上增加的过程。而网师园限于范围扩张的限制，又呈现出另外一种空间扩张的方式，就是在一个有限的范围内，不断创造更丰富空间的方式。

在空间物理总量不变的情况下，就只能增加空间的数目。在一个无法再进行扩张的整体空间的基础上，要想再创造新的，更丰富的空间层次，首先要做的就是再分割，将一个大的空间变成

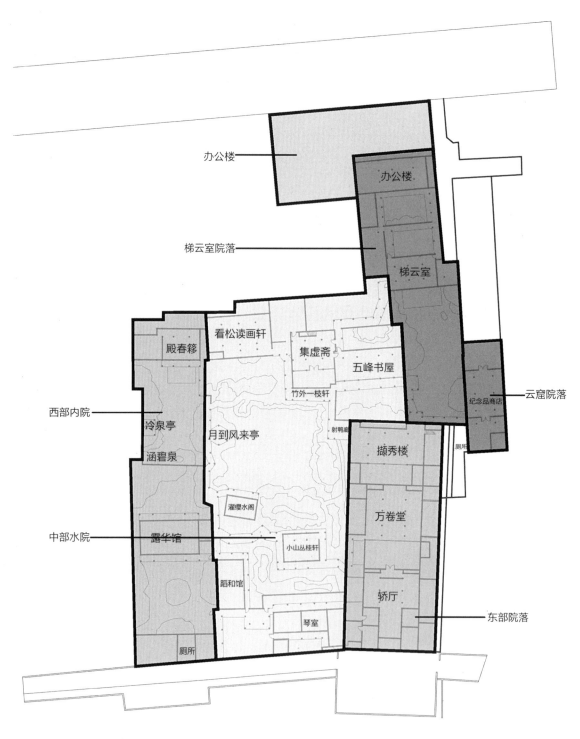

办公楼

办公楼

梯云室院落

梯云室

看松读画轩

集虚斋

殿春簃

五峰书屋

竹外一枝轩

纪念品商店

云窟院落

西部内院

冷泉亭

月到风来亭

射鸭廊

撷秀楼

涵碧泉

厕所

灌缨水阁

万卷堂

中部水院

露华馆

小山丛桂轩

蹈和馆

轿厅

琴室

东部院落

厕所

图8-62　网师园院落量的增长示意图

旧式迷宫
苏州传统园林空间设计研究录

220

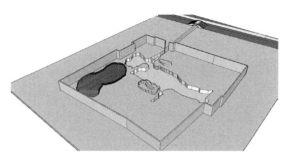

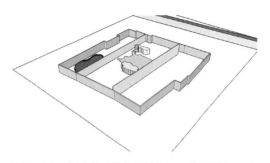

图8-63 瞿远村时期空间结构——分隔少、大面积的水面和绿化

图8-64 李鸿裔时期空间结构——分隔增加、水面变少、绿化被隔绝

更多小一点的空间，其次，再将这些小的空间再进一步的联系和打通，以创造更多的空间数目和层次。

在分割空间这一个步骤上，李鸿裔的工作恰如其分，可以说对于网师园今天的规模和空间特征的形成有着至关重要的作用，如果没有他的分割和封闭，也就没有了以后的通透和层次（图8-63、图8-64）。

（3）空间的并置关系

两个空间的关系大致有三种：并置、包含和叠加。上文所分析园林的这种庭院量的增长，造成网师园的空间在结构方面呈现出一种并置关系的，特别是它的四个一级院落，以及二级院落之间，都是一种并置关系（图8-65）。从建筑手法角度来看，并不是什么高深和未知的方法，但却是与园林历史沿革和空间衍变密切相关的，这是江南园林中一种最基本的空间层级关系。

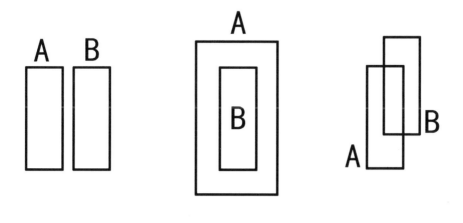

A、B并置关系          A、B包含关系          A、B叠加关系

图8-65 空间的三种层级关系

（4）空间的包含关系

这种在总量不变的基础上，增加庭院数的扩张方式，使网师园呈现出一种园中有院、院院相套的空间格局。网师园一直以小园之极而著称，行进其中，空间回环往复，这看似非常丰富的空间其实构成并不是非常复杂。网师园以区区八亩之地，创造出层层叠叠、无穷无尽的空间感受，得益的就是基本的院落组合方式。

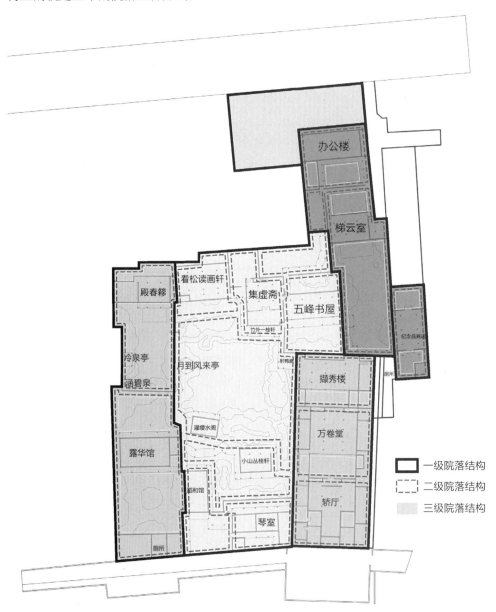

一级院落结构
二级院落结构
三级院落结构

图8-66　网师园三级院落嵌套关系示意

将网师园的院落结构进行分析，可以将其分为四个大的一级院落，如图8-66中黑色线条所示，四个院落的具体分析前文已叙，它们之间的分隔主要是靠园中几片比较重要的墙体达到的。每个一级院落又被分为若干个小一点的二级院落，如图8-66中所示，一共有17个。这些二级院落，有的是由比较明确的墙体分隔的，比如西部院落中间的隔墙，东部院落的隔墙等；也有的是由比较模糊的分隔元素进行分隔的，比如中部院落，由水面、树，廊等进行分隔。对于这17个二级院落，每个院落又被各种不确定的，模糊的分割元素分隔成大大小小的三级院落，如图8-66所示，这样的三级院落大概又有30多个。这样层层包含的三个等级，不同类型的院落，共同组成了网师园的空间。行进其中，从一个大的院落进入一个小的院落，再进入另一个更小的院落，如此层层叠叠，在一个个院落中穿行，空间一层层展开，当对经过了多少个院落已经失去总体认识的时候，空间也就有了深度（图8-67）。

（a）集虚斋与看松读画轩交接处

（b）竹外一枝轩

（c）竹外一枝轩

（d）殿春簃真意洞口

图8-67 空间的层次与深度

## 8.2.5　园林空间沿革中主导因素的作用

阿尔多·罗西将城市中的某些"纪念性"的建筑和"固定活动场所"看成是能够促使城市变化的催化剂。"主要元素的空间特性及其作用（这种作用与其功能无关）最为接近地反应出主要元素在城市实际生活中的状况。这些元素不仅具有'自身的'价值，而且还有一种取决于其在城市中位置的价值。就此而言，一栋具有历史价值的建筑物可被视为主要的城市建筑体；它也许不再具有最初的功能，或者说，它在历史中所具有的功能不同于原先设计的功能，但它作为城市建筑体，作为城市形式发生器的质量却保持不变。"[34]事实上，在我们所研究的园林中，也有这样的主导因素，它们最初的形式与其功能相一致，但是很快，在历史沿革中，它们具有了某种更为重要的价值。

（1）功能相对形式的独立性

从前文的分析来看，网师园的功能从始建至今发生了很大的变化，从园子整体的功能来看，它曾经是以居住为主的宅园、以游玩为主的别墅园，甚至做过粮仓、医院、军营，现在，则变成作为一个景点和文物的功能而存在，让人不得不感叹它的功能的广泛性和适应性。

从单体建筑来看，功能的包容性则更强。很多在园中建筑，虽然园子已经失去了其最初的生活情态，这些建筑也失去了最初始建的功能，但是它们的形式却并没有发生大的变化，还是在以其他功能被使用的。这些建筑可以完全脱离了原来的生活情态、始建的功能而存在。

如网师园中的濯缨水阁，这个宋宗元时期始建时是作为戏台功能的水边小阁，主人可以在园中摆摆堂会或者三五好友相聚，过过戏瘾。随着园中总体性质的变化，其功能和空间开放程度也在发生着变化，到李鸿裔时期，这个戏台就已经基本失去了最初的功能，可能只是一个日常读书作画的场所，或者如果园中人口比较多的话，变成一个居室也未可知。而现在，在网师园变成一个景点之后，在夜花园中，濯缨水阁又恢复了戏台的功能，但是这种表演与欣赏的形式已经成为网师园一个招揽游客的旅游项目，与其设计初衷已经有了很大差别，可称之为旧壶装新酒。同样的濯缨水阁，建筑的形式没有发生大的变化，但是却承载了不同的功能内容。

事实上，园中建筑的功能其实不是决定建筑形式的唯一原因，只是众多因素中的一个。功能相对于建筑的形式，有一定的独立性。

（2）主导因素的空间特性和位置价值

殿春簃是网师园空间的主导性因素之一，它的空间特性主要体现在它在园中的位置，而这种空间特性的变化，则在一定程度上体现了网师园空间的变化。

在瞿远村时期，娄尾春庭，也就是后来的殿春簃，处在水门入口的左侧，是一个非常重要的

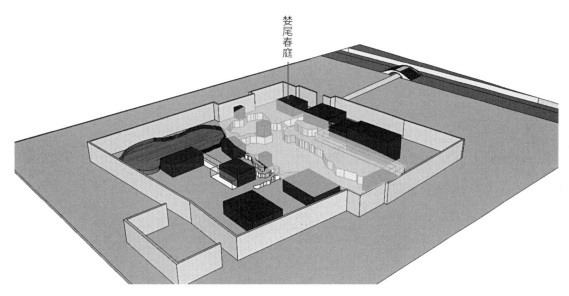

图8-68　瞿远村时期娄尾春庭（殿春簃）在网师园中的位置

位置，是人们乘舟入园后首先看到的建筑之一，也有可能是入园后的登陆处等。整个园子"一望无际，清旷疏朗"，娄尾春庭位于长条形水面的对角线位置，从这个角度看水面有最长的视线，是水岸观景最佳的视点之一。在这个阶段，娄尾春庭的空间是开放的，对于网师园的空间价值辐射到北部整个水景区（图8-68）。

　　李鸿裔时期，水门消失，殿春簃前面的水面被填，建起的隔墙将殿春簃从中心水面中隔离出去，与原来的花圃共同组成了一个内院。并且由于入口的改变，殿春簃此时已经由入园后见到的第一个建筑，变成了在园中最深处的建筑了。它空间价值的辐射范围缩减到了内院之内，与中部水区联系被切断，虽然后来经何亚农时期在墙上开洞打通联系，但是从位置来看，这个时候的殿春簃已经变成了网师园中最深处的建筑，开始呈现出封闭的空间特性（图8-69）。

　　新中国成立后，内院添加隔墙变成了南北两个小院，殿春簃成为一个更小的院子，即谭西渔隐，居于网师园的最西北角，成为园中最安静的所在，只有通过一个洞门和两个漏窗与中部水院有视线上的联系，是园中封闭性较强的院落之一。而殿春簃这个建筑的位置价值只是辐射到谭西渔隐这个小院的范围（图8-70）。

　　如上所分析的殿春簃这个例子，在园林中，主导性因素的空间特性并不仅仅取决于它们的功能，因为功能会随着历史沿革不断改变，更不取决于它们单体建筑的形式，它们在园中的位置更有价值。

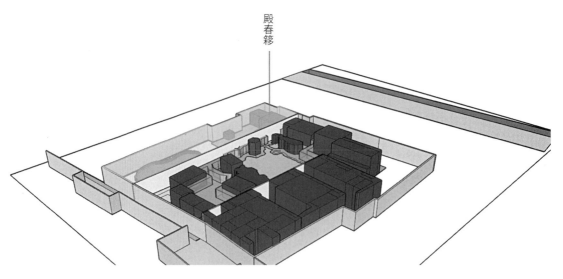

图8-69　李鸿裔时期殿春簃在网师园中的位置

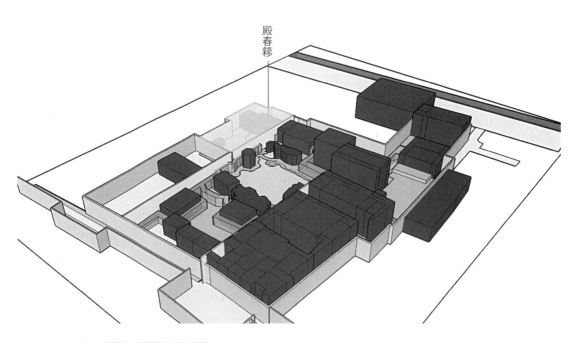

图8-70　现状殿春簃在网师园中的位置

**旧式迷宫**
苏州传统园林空间设计研究录

## 8.3 小结

在空间建构方面，史氏始建之时，网师园空间中构成是以水面为中心的，宅与园分隔明确；瞿氏时网师园的空间构成元素仍然是水面，水面构成了此时网师园最主要的框架，主要建筑都围绕水面呈散点式布置，宅的部分在园中被弱化；李氏所加隔墙和住宅将原本疏朗的园子进行了分割，墙体和建筑成为园中最主要的框架，水面的作用退居其次；何亚农时期在李鸿裔分隔的基础上进行了局部打通，使空间通透；收归国有后网师园的空间格局没有发生大的变化，主要是在原来的基础上，根据园子新的功能及其所承载的新的生活方式所进行的一些扩充和修补。园中的活动流线和进入方式也是随着园中的生活方式变化而改变的。在别墅园时期，主人在园子中的主要活动是在中心景区及周围的一些建筑中进行一些宴乐、戏曲、吟唱等活动，而几乎没有居住方面的需求，而且由于他们对于网师园的使用强度并不大，一年之中，在园子中逗留的时间并不多。宅园时期，居住要求加强，使用的强度加大，活动轨迹密布整个园子，建筑实体部分更加集中。现代的游客，则只是短暂的参观，单个游客的流线是线性的，标准风景照的出现，寓意着此时的网师园除了文物价值之外，就只剩下视觉价值了。

同时，在前文对网师园历史沿革和空间分析的基础上，借鉴类型学和人类学的理论，总结了多位主人，多种生活方式在园中的共时性存在，抽象出网师园空间的基本单位——庭院的类型及其与园林主人生活方式的关系；进一步分析中国传统园林的特有建造方式——现场设计，大多主人设计、建造、使用集于一身，及其对园林空间的影响；抽象出在园林空间沿革过程中两种基本空间扩张的方式——园林庭院量的增长和数的增长，而正是这两种方式，形成了园林空间的并置和包含关系，这是园林空间的两种基本关系；分析了园林空间中主导因素的作用，功能并不是决定形式的唯一因素，而单体建筑在园中的位置价值更能够决定其空间特性。

---

注释：

[1] 王国维《人间词话·人间词乙稿序》北京：中华书局，2009.

[2] 曹林娣《中国园林文化》北京：中国建筑工业出版社，2005，页337.

[3] 吕明伟编著《中国园林》北京：当代中国出版社，2008，页2.

[4] （清）彭启丰《网师园说》.

[5] 童寯.园论.天津：百花文艺出版社，2006.1，页38.
[6]（清）沈德潜《网师园图记》.
[7] 潘益新《沿革保护 精细管理 丰富内涵 提高水平——谈对古典园林世界文化遗产的保护》.
[8]（清）冯浩《网师园序》.
[9]（清）褚廷璋《网师园记》.
[10]（清）钱大昕《网师园记》.
[11] http://qszl.spaces.live.com/.
[12]（清）梁章钜《浪迹续谈》卷一《瞿园》条.
[13]《沧浪区志》.第五卷（街巷河桥）第二章（河道）http://www.szcl.gov.cn/da/showitemcommon.asp?articleguid=52a124f9-d8c7-4156-a23a-e07df8c3a32b.
[14]（元）陆友仁《吴中旧事》.
[15] 曹讯《网师园的历史变迁》，建筑师，2004.12，页104-112.
[16] 计成原著，陈植注释. 园冶注释. 北京：中国建筑工业出版社，1988.5，页73.
[17] 成多禄《戊申七月随程雪楼中丞谒达馨山将军于网师园因成五律六章》之二结句云"史公遗迹在，惆怅几阿。"注云"池南有石刻二字系宋时物。"成多禄诗有刻石存网师园蹈和馆北廊壁上.
[18] 陈从周《看园林的眼》长沙：湖南省文艺出版社，2007.7，页144、39.
[19] 朱琳《昆曲与近代江南生活》苏州大学博士论文 2006.
[20] 曹雪芹《红楼梦》第四十回 史太君两宴大观园 金鸳鸯三宣牙牌令.
[21] 王永健. 昆曲与苏州. 苏州：苏州大学出版社，2003，页41.
[22]（清）达桂《网师园记》.
[23] 陈从周.说园.上海：同济大学出版社，1984.11，页48、47、11.
[24] 杨毅《云南传统集市场所的建筑人类学分析》同济大学博士论文，导师：常青.2005，9，页19.
[25] 常青《建筑遗产的生存策略》，上海：同济大学出版社，2003.
[26] 汪丽君《建筑类型学》天津：天津出版社，2005，页18.
[27] 沈克宁《建筑现象学理论概述》建筑师，1996.6.
[28] 沈克宁《重温类型学》建筑师 2006.12，页5-19.
[29] 魏向东《士大夫生活与苏州古典园林》.
[30] 黄一如，王挺.空间营造的非空间之道——从设计方法解读传统文人园.城市规划学

刊.2008.3，页20.

[31] 王澍《造园与造人》建筑师 2007.4.

[32] 韩冬青《类型与乡土建筑环境—谈皖南村落的环境理解》建筑学报，1993.8，页52-55.

[33] 李允鉌《华夏意匠》天津：天津大学出版社，2005.

[34] [意] 阿尔多·罗西著，黄士钧译，城市建筑学，北京：中国建筑工业出版社，2006，页87.

# 结 语

不同尺度的空间亦需要有不同的对待方式，从整个地球到一个村庄，任何场地都讲述着自身的故事，每个空间都有它特定的意义，且空间总是有意义的，空间永远都不仅仅是空间本身，它是所有物质流和交通流的载体，空间和人之间存在着一个更积极、更有意义的关系，所以本文的写作是基于以下关系进行的：

$$建造方法 \rightarrow$$

生活方式 → 　　材料 → 　　　　　　空间 → 　　使用

$$结构形式 \rightarrow$$

中国传统园林作为我国优秀的历史文化遗产，其中又以江南私家园林为最奇妙，是研究中国建筑空间的最佳范本，亦是我们当下根源传统进行设计创作的宝贵历史资源，托马斯·史密特即曰："当代建筑师每天设计现代风格的建筑。但只要他们画速写，便只是些历史建筑的描绘或类似的东西。好像现代建筑与绘画无关而只和绘图有关。……首先需要一个扎实的历史背景知识。从历史中时常可以获得很好的构思。建筑的环境和结构也包含了建筑构思。但最终在于设计者本身去发现和定义。总之，建筑首先和思维发生关系，然后才和绘图有关。这不等于说人们不能用绘图来进行思考。……历史对建筑构思来说是一个丰富的宝藏，对建筑学思维更是如此。"[1]而且保存至今的私家园林，每一个都各具特色，但是行走其间，又会发现有某种似曾相识的感觉。江南私家园林与现代建筑在建造过程上是完全不同的，园林是有生命的，有一个不断生长变化的历史过程，承载了丰富多样的生活方式。如果用看待现代建筑一样的眼光来看江南私家园林，用同样的分析方法来分析它的话，会有很多的偏颇和缺失，会得到一些不甚确切的结果。当然，任何一类陈述都有其产生与使用的历史，站在当今全球化时代之中国景观建筑的视角来看，作为世界文化遗产的苏州园林，笔者不仅从古人的生活方式、行为特点与空间构建入手，亦秉承"博览群籍，参详众议"的研究态度，对文化与设计之交互进行了思考。众所周知，不同时代的人对同一种精神、物质的理解在其载体的内容上会有所不同，甚至是错误的解读（误读），但这也成为了文化传承的一种方式。这就是文化本身的繁殖、变异，文明亦不是简单的开始，而是发展、繁荣和衰落，甚或异化融会的漫长过程。

"造园综合性科学也，且包含哲理，观万变于其中。浅言之，以无形之诗情画意，构有形之水石亭台。"[2]由于不同地域之地理、水土、气候、经济、文化等诸多因素都不一样，所营造出的人居空间也不一样。苏州传统园林有其浓厚的江南风情与风土特色，其空间营造是那个特定时代之人的理想家园、精神家园，乃虚幻和现实之间的精神寄托之所与安顿身体之容器，亦是一幅完全从气候出发、充满生机的景观图画。"历史上伟大的环境设计是玄学、被动式设计和艺术三者微妙而又彻底的结合。过去伟大的微气候设计是通过直觉、常识和与自然的密切联系创造出来的。我们并不需要复杂的计算机模型和数据图表，我们需要的是对于太阳如何在天球上运动的感受、理解和评价。有时候，需要的东西仅仅是时间和耐心而已。你只需要走出去观察太阳的方位。"[3]而"理性之用、感性之美"交织的苏州传统园林之设计思维，亦基于对自然的观察和在塑造空间中人文设计意识之掌控，可以提出一个结论：苏州传统园林充满着人与自然互适，而非对峙的生态建筑之精神，它实乃承载生命方式与价值观之永续经典。

同时，研究提示我们，在分析园林的时候，不能够脱离其历史情境，仅仅对一个空壳进行研究，那样很难得到扎实的结果，对待园林如此，对待中国的传统建筑也是如此，从生活方式、建造方式等方面去分析、抽取传统，才能得到真正有价值的内容，并运用在今天的设计实践当中。同样我们今天做设计，往往都是只是一个设计者，而不担任建造者和使用者的角色，设计中不能只从空间的物质层面去入手，也应该去观察人的生活方式，理解建筑的建造方式，才能真正做出好的建筑。而且不同的设计方法创造不同的空间，园林是一种有着独特的建造方式，承载着独特的生活方式的空间类型，本书试图寻找一种更贴近其创造方式的解读方式，提出了一种新的看待和研究园林的方式。本书所研究的只是中国传统园林中比较有代表性的，事实上，这种方式不仅对本书所研究的苏州传统园林适用，也对其他园林有一定的适用性。

最后，本书将苏州传统园林的典型空间特质以"旧式迷宫"来标识出来，亦在于其空间本体内在的复杂性、多样性与变化性，譬如以一个西方学者初次审视体验中国园林时的惊讶、迷惑与随之而来的倾慕为例："园子四周有围墙，院内是寓所和花园。入口非常中规中矩，两旁通常都有树，周边是石雕的门楣，旁边是种满菊花的花坛。游客穿过一个普通走廊或穿过一座房子前庭，之后才有可能见识到园林的真貌。我们进入园林中，接下来会发现什么呢？一时脑海中千头万绪，不知先从哪里开始逛，园中没有一点对称性可以给我们一些指引。眼前一条条幽径，或穿过杂乱无章的岩石山，或就修在岩石山上；各种植被稀稀落落的散落着；曲曲折折的平板桥搭在狭窄的溪流上；园中的池塘，与它所存在的空间相比似乎占据了巨大的地方，池塘中幽暗平静的水面倒映出岩石突出的水岸、平房的白墙和水岸边上的走廊；一些岩石山上面栖着几座凉亭，另外还有一些其他建筑物大都不按常人所想那样布置；小径上的鹅卵石被摆成了小鱼和小鸟的图案——园中的一切，每一个细节都构思缜密，但还是不知道该从哪里下手。我们感觉迷路了，晕头转向，不知所措。其实，中国古典园林的设计都是这样的，美好的景致，不是一入园就马上能欣赏到，而是层层展开，渐入佳境。惊愕片刻之后，我们开始前行，即刻出现在我们面前的问题就是选择哪条路，一条是通过几个粗糙台阶爬上一个石山，另外一条是沿着形状怪异的池塘旁边的平坦道路往前走。该选哪条呢？到底哪一条路是对的？往前穿过几个屋子，不知里面是大是小，房门或敞开或关闭，屋内或明或暗。我们一路沿着经过工匠精心雕琢的笔直或弯曲的小桥、小路和走廊前行。园内的一切让我们眼花缭乱。我们开始欣赏这种生动的质感对比：平静、幽暗、丝绸般柔滑的水面，与后面犬牙交错的石山——光与影——都形成了鲜明的对比，而石山中黑暗的小山洞，跟园林周围的明亮白墙形成了强烈的对比。墙边的植株都未进行刻意修剪，也只有这一点才跟许多欧洲园林尚存相似之处；实则形成了一个连绵的纯白背景，飘摇的枝叶在白墙上投下它们的倩影，盘虬老树的剪影在白墙的衬托下更加明显。"[4]

---

**注释：**

[1] [德] 史密特. 建筑形式的逻辑概念[M]. 肖毅强译. 北京：中国建筑工业出版社，2003：9-16.

[2] 陈从周. 梓翁说园[M]. 北京：北京出版社，2011：44.

[3] [美] 英奇普·沙利文. 庭园与气候[M]. 沈浮等译. 北京：中国建筑工业出版社，2005：导言.

[4] [英] 斯图尔特. 世界园林：文化与传统[M]. 周娟译. 北京：电子工业出版社，2013：59.

# 后 记

此书的公开发行面世得益于邰杰所主持研究的2014年度教育部人文社会科学研究青年基金项目"明清戏曲小说版刻插图的园林图像研究"（项目批准号：14YJC760054）的专项资助。且此书乃三位学者的共同研究结晶，其中"导论、第1章、第2章、第3章、第4章、第5章、第6章、结语"主要为邰杰撰写，"第7章"主要为陆韡撰写，"第8章"主要为徐雁飞撰写，全书由邰杰统稿完成。

苏州传统园林是一个值得终身去细细品读和探究的经典对象，它之于当下的重要意义则来自于传统营造方法论的无限启发——"任何设计都来源于历史，园林艺术设计需要在历史的大树中找到自己所属的一个枝桠"——精准地在时空坐标轴上找到"设计的位置"。当我们探寻我们自身园林的来龙去脉时，即表达了对文化史的眷顾和尊重，传递一种承前启后的智慧和感悟，在潜移默化中唤起我们诗意的审美情趣。譬如"墙"是中国园林文化传统中最显著的标识，园林中的"墙与汉字"的空间关系在于墙作为展示载体而存在，如附于粉墙之上的石刻楹联匾额等，无论曲折高下灵动的云墙，还是高耸直挺的院墙，在苏州传统园林中永远与窗或门洞进行组构，它们二者实质上是园林中灵魂性的景观构筑元素——"园林艺术就是墙与窗的艺术"——"遮挡、分割、漏景、通透……"。当下，无需太多的艺术创意震撼，同时避免大而无当的设计，只需一种很平民化、生活化、通俗化的景观营造，将一种传统造景意蕴文化以现代的方式朴实地表达出来，且与伪劣的赝品、没有根基的伪创新尽量疏远。因而，从设计学的角度就会形成"墙"、"窗"与"文字"之间相关的"文学性"造景基本语汇，不拘泥于传统，亦可把传统的相关东西转化为现代语言运用其中，如普通的新中式景墙恰当的运用及对空间的精道把握，时代感中点滴映射出传统园林的淡淡韵味。

本人2002年本科毕业于南京林业大学园林专业，2007年硕士毕业于苏州大学设计艺术学专业（研究方向为古典园林设计原理），2012年博士毕业于东南大学艺术学专业（研究方向为景观与园林艺术），在这本硕博的学术发展路径之中始终聚焦于"传统园林艺术设计的营造智慧启迪当下景观设计"这一根主线，尤其从"古籍版刻插图的园林图像学"与"传统园林空间建构方法论"这两点着墨更甚。同时，在长达10余年的求学生涯中，得到了诸多良师益友的关心帮助，如我的博导周武忠教授、硕导张朋川教授、恩师王廷信教授、凌继尧教授、孙长初教授、曹林娣教授、李超德教授、沈爱凤教授等等，他们在栽培我的过程中都付出了爱心和汗水，在此表示我诚挚的谢意。

尤须感谢徐雁飞将其充满理性分析色彩的研究成果、陆鞥的园林空间实验理论成果与本人的拙著合三为一，成为以"旧式迷宫：苏州传统园林空间设计研究录"为题的一本苏州园林空间设计专题研究论著，在此亦对这二位女性研究者表示谢意。更要感谢本书的特约编辑、重山·融境文化传播中心总编辑徐伉先生长期以来的关心支持。最后，感谢挚友赵龙泉、王文广、韩波、张健健、张泽鸿等朋友的学术信心共持以及学生王柯颖、张雪虎、魏巍等的热情协助。他们都是值得铭记的，谢谢！

郐杰

2015年7月15日于常州